KB074261

레젠드 과학 탐험대

레전드 과학 탐험대

전설의 과학자가 우리를 호출했다

염지영 지음

북트리거

차례

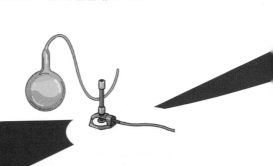

일러두기

- 이 책은 생명과학 지식과 역사적 배경을 결합하여 창작한 허구의 이야기입니다.
  특히 '시간여행'은 과학적 사실이 아니라 소설적 설정임을 밝힙니다.
- 뒤표지 책날개 하단의 QR코드를 스캔하면, 교과 연계 부록 파일을 내려받으실 수 있습니다.

우히히, 가자!

오색 단풍이 수북이 깔린 가을 산을 성큼성큼 오르는 초연의 뒤편으로 헐떡거리는 숨소리가 들렸다.

"헉헉, 초연아…."

마스크를 턱에 걸친 정호의 목소리가 가늘게 떨렸다.

"아, 또, 왜?"

몸이 느린 정호는 날쌘 초연을 따라잡기가 버거웠다. 정호는 마스크를 쓰고 있어서라고 핑계를 댔지만, 그건 초연도 마찬가지였다. 초연과 정호는 중학교 사진 동아리에서 함께 활동하고 있었다. 이번 연말 동아리 발표 대회에 제출할 사진을 찍어야 하는데 어쩌다 짝꿍이 되어 함께 학교 뒤편 타머산에 오르는 중이었다.

"초연이… 너, 너도… 타머산… 할아버지… 소문, 알잖아?"

타머산 깊은 곳에는 오래된 건물이 있는데, 거기에 웬 할아버지 한 명이 산다고 했다. 학생들 사이에서는 할아버지에 대한 갖가지 괴소문이 돌고 있었다. 원래 과학자인데 연구에 몰입하여 미쳤다고도 하고, 악당 과학자라서 세상을 멸망시킬 무기를 개발한다는 소문도 있었다. 하지만 정작 그 할아버지를 실제로 본 사람은 없었다.

"야! 그건 우리가 산에 못 들어가게 하려고 어른들이 꾸며 낸 말이지."

"아니야. 창훈이네 아버지가 새벽에 등산하다가 그 할아버지를 봤다고 했어. 인상이 고약하니 조심하라고 했대. 사람의 간을 빼먹을 수도 있다고…."

"이 자식아, 간 같은 소리를 할 때가 아니야, 지금. 그래서 사진을 찍을 거야, 안 찍을 거야?"

"물론 찌, 찍어야 하지만…."

초연은 웬만한 사진으로는 대회 수상이 불가능하다는 것을 알고 있었다. 오늘은 실처럼 가느다란 초승달이 뜨는 날이다. 해가 질 무렵 어스름이 깔릴 때, 초승달이 서쪽 지평선에 걸쳐질 것이다. 바로 그때 산 위에서 어두운 도시와 초승달이 어우러진 풍경이 내려다보이도록 찍어야 했다.

"이 아이디어를 낸 건 정호, 너야! 잔소리 말고 따라와! 벌써 어두워지기 시작했잖아."

초연은 다시 성큼성큼 산을 올랐다. 날씨는 싸늘했지만 이마에서 땀이 솟아났다. 그렇게 한 시간쯤 올라갔을까? 이제 산 아래 집들이 제법 작게 보였다.

"정호야. 이 정도면 되겠지?"

"어, 어두워지기 전에 어서 자리 잡고 카메라 설치하자."

나무가 없어 시야가 확 트인 곳에 삼각대를 설치하고 DSLR 카메라를 고정했다. 빛이 없기 때문에 셔터를 더 활짝 열어야 했다. 이윽고 해가 지평선으로 내려가자 도시 전체가 어두워졌다. 건물들이 차례차례 불을 밝히고, 가느다란 초승달이 건물 사이에서 빛나기 시작했다. 초승달 옆에 밝게 빛나는 별 하나가 있어서 더 좋은 풍경이 연출됐다. 초연과 정호가 노리던 바로 그 풍경이었다. 초승달은 한 시간이면 지평선 아래로 내려가 버릴 것이다. 정호는 멋진 풍경이 사라지기 전에 연신 셔터를 눌러 담아냈다.

"근데, 정호야. 저거 별 맞아? 너무 밝은데 비행기 아니야?"

"비행기라면 벌써 어디론가 가 버렸겠지. 별 맞아. 진짜 크고 밝다."

"저렇게 밝은 별은 본 적이 없는 것 같은데…."

그때 뒤편에서 목소리가 들렸다.

"우히히, 비너스!"

사진 작업에 열중해 있는 둘 뒤로 누군가 다가와 있었다. 뒤를 돌아보자 백발의 노인 한 명이 보였다.

"으아아악!"

정호는 놀라서 소리를 지르며 그 자리에 주저앉았다. 초연은 짧게 숨을 삼키고는 혀를 차며 정호를 일으켜 세웠다. 백발노인은 아랑곳하지 않고 하늘에서 밝게 빛나는 별을 손가락으로 가리켰다.

"우히히, 스타가 아니야. 비너스야!"

노인의 머리에서는 검은 머리카락을 찾아볼 수 없었고, 얼굴에는 세월의 흔적이 깊게 파여 있었다. 정호는 노인의 모습이 마치 물리학자 아인슈타인과 스티븐 호킹을 합쳐 놓은 듯하다고 생각했다. 다행히 소문처럼 '악당 과학자' 얼굴로는 보이지 않았고, 오히려 하회탈처럼 웃고 있을 뿐이었다. 초연이 노인에게 말을 걸었다.

"할아버지가 소문의 과학자예요?"

"우히히, 비너스는 스타가 아니라 플래닛."

정호가 초연의 뒤에 숨어 속삭였다.

"초연아. 도망가자. 우릴 죽이면 어떡해?"

"야! 죽이려 했으면 우리가 방심했을 때 뒤에서 덮쳤겠지."

노인은 더 깊은 주름을 만들며 실실 웃기만 할 뿐이었다. 초연도 사실 조금 떨렸지만 아무렇지 않은 척 다시 물었다.

"할아버지, 어디 사세요?"

"우히히, 저기 산다."

노인은 깊은 산속 어딘가를 손가락으로 가리켰다. 아마 자신이 사는 건물을 말하는 것 같았다.

"할아버지! 성함은 어떻게 되세요?"

노인은 고개를 좌우로 흔들었다.

"우히히, 나도 몰러."

여전히 초연의 뒤에 숨은 채로 정호가 속삭였다.

"초연아, 소문대로 그냥 미친 할아버지인가 봐."

초연과 정호의 시선을 뒤로한 채 노인은 산속으로 돌아갔다. 호기심이 강한 초연이 따라가려고 했지만, 정호가 온몸의 무게를 실어서 초연을 못 가게 붙잡았다.

초연은 집으로 돌아와 노인이 말했던 '비너스'를 떠올렸다. 인터넷 검색창에 쳐 보니 여성 속옷 브랜드와 그리스 여신, 금성 등의 설명이 나왔다. 그때 별을 보고 있었으니까, 노인은 금성을 이야기했던 게 아닐까? 초연은 이번엔 '금성'을 검색했다.

"태양에서 두 번째 행성으로 새벽녘 동쪽 하늘이나 초저녁 서쪽 하늘에서 관찰할 수 있다."

초승달 옆에서 유난히도 밝게 빛나던 것은 금성이었다. 노인은 금성은 스타가 아니라 플래닛이라고도 했었다. 다시 '플래닛'을 검색했더니 천문학에서의 행성이라는 설명이 떴다.

노인은 미친 사람처럼 이상해 보였지만, 소문대로 과학자일지도 몰랐다. 초연은 노인에 대해 더 알아보고 싶어졌다.

'내일 다시 할아버지를 찾아가 봐야겠어.'

다음 날 학교를 마치고, 초연과 정호는 다시 등산을 시작했다. 뒤에서 헉헉대며 정호가 말했다.

"초연아, 좀 쉬었다… 가자. 그 할아버지를… 도대체 왜… 만나려고… 해?"

정호는 결국 따라가기를 멈추고 근처 바위에 걸터앉았다. 연체동물같이 온몸이 흐물흐물 처져 있었다. 정호는 마스크를 내리고 거친 숨을 몰아쉬었다.

"어제 만난 할아버지가 미친 것 같다고 했잖아?"

"그랬지."

"집에 가서 할아버지 말을 곱씹어 보고 인터넷 검색을 해 보니 할아버지가 상당한 과학적 소양이 있는 것 같아."

"그래서?"

"뭐가 그래서야? 우리 동네 타머산에 미스터리한 할아버지가 있어. 그 정체를 알아내는 게 우리 학생들의 소임 아니겠니?"

"그럼 너 혼자 가도 되잖아."

"넌 나와 한 팀이잖아!"

"그건 사진 동아리고."

"잔소리 말고 어서 따라와!"

초연이 다시 산을 오르기 시작했다. 정호는 어쩔 수 없다는 듯 힘없이 몸을 일으켰다. 어제 사진을 찍었던 곳에서 할아버지가 멀어져 간 쪽으로 한참 더 올라가자 녹색 철조망이 보였다. 철조망은 오래되어 녹슬었고 개구멍이 듬성듬성 나 있었다. 철조망을 따라 산길을 더 오르자 허름한 입구가 보였다. 썩어 가는 합판에 '사유지, 출입 금지'라는 경고가 빨간색 래커로 휘갈겨 쓰여 있었다. 철조망 안쪽으로는 나무들 사이로 오래된 벽돌 건물이 보였다.

"정호야. 저기가 할아버지가 사는 집인가 봐."

초연의 말에 대꾸도 없는 정호의 눈에는 벌써 두려움이 가득했다. 숲속 폐가에 미친 할아버지가 혼자 살고 있다니. 두려움이 생기는 것은 당연했지만 정호와 달리 초연은 두려울수록 행동부터 하는 스타일이었다. 초연은 입구를 지나 안으로 들어가서 정호에게 손을 내밀었다.

"정호야. 가 보자."

정호는 덜덜 떨며 초연의 팔을 붙잡았다.

"아, 또, 왜?"

"저, 저기 출입 금지라고 쓰여 있잖아."

"난 그러면 더 들어가고 싶더라고."

"그 할아버지가 악당이면 어쩌려고?"

초연은 씨익 웃었다.

"그럼 더 재밌겠지. '산속의 악당 과학자 할아버지와 함께'라는 주제로 사진을 찍어 볼까?"

"가, 같이 갈게. 대신 그건 참아 줘."

그렇게 둘은 철조망 너머 숲속으로 더 깊숙이 들어갔고, 2층짜리 벽돌 건물의 입구에 도착했다. 정호는 초연의 옷자락을 잡고 연신 주변을 두리번거렸다. 초연이 문을 똑똑 두드리며 말했다.

"계십니까? 과학자 할아버지?"

안에서는 대답이 없었다. 초연은 주먹으로 문을 쿵쿵 쳤다.

"누구 없어요?"

"초, 초연아. 가자. 아무도 없나 보네."

"여기까지 와서 그냥 갈 순 없지. 영화에서 보면 이런 문은 보통 안 잠겨 있지 않나?"

초연이 손잡이를 돌리자 정말로 문이 스르륵 열렸다.

"어? 진짜네."

"초연아. 이건 무단 침입이라고. 들어가면 안 돼."

초연은 정호가 잡고 있는 팔을 뿌리치고 안으로 들어가며 소리쳤다.

"할아버지? 과학자 할아버지?"

1층 홀에는 아무도 없는 듯했다. 중앙에는 나사처럼 생긴 원형 계단이 있어서 2층으로 올라갈 수 있었고, 지하로 내려갈 수도 있었다. 언제 뒤따라왔는지 정호가 초연의 뒤에 바싹 붙어 있었다.

"정호야. 지하로 내려가 볼까, 2층으로 올라가 볼까?"

"밖으로 나가는 것이 정답이지. 그리고 지하는 절대 안…"

"오케이, 지하로 가 보자."

"으이구."

정호의 말이 끝나기도 전에 초연은 나선형 계단을 내려가기 시작했다. 지하실은 오래전 실험이 끝나 먼지 쌓인 과학실처럼 보이기도 했고, 군대의 비밀 작전 상황실처럼 보이기도 했다. 지하실 한가운데 마치 UFO 같은 커다란 원반 모양의 기계가 보였다. 알 수 없는 버튼들로 가득한 표면이 불길한 금속 빛을 발하고 있었다. 초연이 다가가 아무 버튼이나 누르려는 순간, 나선형 계단 위쪽에서 괴성이 들려왔다.

"멈춰! 너희 뭐얏!"

정호는 놀라 바닥에 주저앉았고, 초연도 깜짝 놀라 뒤돌아보았다. 도깨비처럼 붉은 얼굴의 노인이 서 있었다.

"이 녀석들! 누가 마음대로 들어오라 그랬어!"

뭔가 느낌은 달랐지만 외모는 어제 만난 할아버지가 맞았다.

"어, 할아버지, 우리 모르세요? 어제 만났잖아요."

초연과 정호는 노인의 경계를 풀기 위해 마스크를 벗고 얼굴을 보였다. 어제 만났다는 말에 노인은 움찔했지만, 빠르게 다가와서 초연의 팔을 잡았다.

"어서 나가! 안 그러면 학교에 신고할 테다."

노인의 백발과 깊은 주름은 여전했지만 눈매는 매우 날카로워져 있었다.

"할아버지가 어제 금성을 알려 주셨잖아요."

"그 바보 같은 영감탱이 난 몰라. 너도 어서 일어나거라."

정호는 눈이 휘둥그레져 일어섰다. 어제와 다른 오늘의 노인은 말로만 듣던 이중인격이었다. 미친 할아버지가 산다는 소문이 사실이었다. 지금 이 지하실의 모습을 보면 정말로 세상을 멸망시킬 무기를 만들고 있을지도 몰랐다.

"초, 초연아. 가, 가자."

"그래. 내일 다시 와 보자."

내일 온다는 말에 노인이 소리쳤다.

"다시는 오지 마! 어이쿠!"

노인은 비밀을 숨기듯 서둘러 주변을 정리하다가 기계에 부딪혀 넘어지고 말았다. 계단을 오르고 있던 초연이 아래를 내려다보며 말했다.

"할아버지, 괜찮으세요?"

노인은 자리에서 일어나더니 또다시 달라진 목소리로 말했다.

"우히히, 비너스 친구들!"

치켜 올라갔던 눈꼬리가 다시 반달 모양으로 내려와 하회탈 인상으로 변해 있었다. 도대체 영문을 몰라 하는 초연의 귀에 정호가 속삭였다.

"초연아, 『지킬 박사와 하이드 씨』 알지? 할아버지는 그 소설 주인공처럼 이중인격인 거야."

초연은 초등학교 때 읽었던 세계 명작 동화책을 기억해 냈다. 과학자인 지킬 박사는 약품을 이용해 악인 하이드로 변신한다. 그럼 하회탈 얼굴의 할아버지는 지킬 박사, 아까처럼 날카로운 눈빛의 할아버지는 하이드인 걸까? 초연이 다시 계단을 내려가며 말했다.

"할아버지, 우리 알겠어요?"

"스타 아니고 비너스."

"네, 맞아요. 할아버지의 말뜻을 알았어요. 어제 본 것은 금성이었죠?"

"우히히, 딩동댕."

"제 이름은 윤초연이에요. 쟤는 이정호고요. 산 아래 만송중학교 2학년이에요."

'지킬'은 손가락으로 둘의 얼굴을 가리키며 이름을 외웠다.

"윤초연, 이정호. 만송중학교 2학년."

"할아버지 과학자예요?"

"우히히, 과학자. 타임머신."

아직도 겁을 먹고 뒤로 물러서 있던 정호도 타임머신이라는 말에 관심이 생겼다.

"할아버지, 타임머신을 연구하세요?"

"우히히, 난 몰러."

초연은 아까 버튼을 누를 뻔했던 의문의 기계 앞으로 다가갔다.

"이 기계가 지킬 할아버지가 연구하는 타임머신인가?"

정호는 기계를 만지려는 초연이 불안해서 곁으로 다가갔다.

"지킬 할아버지라니?"

"네가 그랬잖아. 지킬 박사와 하이드 아니냐고."

"그래. 이름을 모르니 일단 그렇게 부르자. 하지만 아무거나 만지지 마."

"야, 이게 설마 작동하겠니? 지킬 할아버지, 이게 타임머신이에요?"

지킬은 목깃 안쪽으로 손을 넣더니 목걸이를 하나 꺼냈다. 금줄로 된 목걸이 가운데 수정처럼 빛나는 녹색 보석이 있었다.

"우히히, 타임머신."

지킬의 말이 끝나기 무섭게 초연이 만진 기계가 굉음을 내며 돌아가기 시작했다. 기계 돌아가는 소리가 커지면 커질수록 녹색 보석에서 강한 빛이 뿜어져 나왔다. 정호가 소리를 질렀다.

"할아버지, 뭐예요! 그거 빛나고 있잖아요!"

"우히히, 타임머신 발동~"

빛은 점점 거세져 도저히 눈을 뜰 수 없을 지경이었다. 정호는 눈을 질끈 감았다. 깜깜한 가운데 무지갯빛이 이리저리 옮겨 다니고 있었다.

"초연아. 어떡해!"

"나도 몰라!"

"우히히, 가자~"

무지개가 빙글빙글 돌기 시작하더니 건물이 뒤흔들리는 느낌이 들었다. 초연과 정호는 중심을 잡을 수 없어서 몸을 낮춰 바닥에 엎드렸다. 이윽고 공간이 휘어진다는 느낌과 함께 세 사람은 어디론가 빨려 들어갔다.

1장

'파스퇴르 우유'의 그 파스퇴르?

어지럼이 사라질 때까지 셋은 잠시 바닥에 누워 있었다. 촉감과 향기로 보아 풀밭 위인 것 같았다. 초연은 숨을 크게 들이마시며 한동안 눈을 감고 있었다. 너무 오랜만에 느끼는 상쾌함이었다. 먼저 몸을 일으킨 정호가 지킬에게 다가가 부축했다.

"할아버지, 어떻게 된 거예요?"

지금 지킬의 얼굴은 하회탈 쪽이었다. 지킬은 역시나 고개를 좌우로 흔들며 웃었다.

"우히히, 몰러."

초연도 일어나 주위를 둘러보았다. 풀밭은 어느 집의 정원인 듯했고, 조금 떨어진 곳에 역사책에서 본 듯 웅장하고 우아한 건물

이 보였다.

"여기는 부잣집 저택인 것 같아."

"그러게. 우리가 타임머신을 타고 어딘가로 온 걸까?"

"글쎄."

그때 지킬이 건물 쪽을 가리켰다.

"우히히, 누가 온다."

한 남자가 비틀거리며 걸어오고 있었다. 갈색 머리에 얼굴에도 갈색 수염이 가득한 외국인 남자였다. 남자는 정장을 갖춰 입었는데 요즘에는 잘 입지 않는 고전적인 스타일이었다. 이번에도 겁 없는 초연이 앞으로 나서 인사했다.

"헬로?"

남자는 손에 든 포도주병을 입으로 가져가 병째 들이켰다.

"너희는 누구냐?"

남자의 입에서는 외국어가 아니라 한국어가 흘러나왔다. 초연과 정호는 놀라서 동시에 서로의 얼굴을 보았다.

"한국어를 엄청 잘하는데?"

"아니면 외국어를 하고 있는데, 우리한테 자동 번역되어 들리는 게 아닐까?"

초연은 목을 가다듬고 실험해 보았다.

"안녕하십니까? 저는 대한민국에서 온 윤초연입니다."

남자가 바로 고개를 가로저었다.

"대한민국이 뭐냐. 처음 듣는다. 너희는 동양 사람 같은데. 옷은 그게 뭐냐, 흉하게."

초연은 지역에서 예쁘기로 소문난 만송중학교 교복을 내려다 봤다. 뭔가 항의하려고 했지만 정호가 말리며 끼어들었다.

"안녕하세요. 저는 이정호라고 하고, 여기는 지킬 할아버지예요."

남자는 병을 입으로 가져가 남아 있는 포도주를 모두 마셔 버렸다.

"난 루이 파스퇴르다. 우리 집에는 왜 왔니?"

정호가 초연에게 귓속말했다.

"초연아, 파스퇴르 우유 알지?"

"어! 그게 사람 이름이었나?"

"동양 아이들아, 우리 집에 왜 왔는지 물었다."

파스퇴르가 말할 때마다 술 냄새가 풍겨 왔다. 초연과 정호가 코를 싸쥐며 물러나자 지킬이 말했다.

"우히히, 미생물학의 아버지 파스퇴르."

지킬의 말에 남자의 눈이 번쩍 뜨였다.

"당신은 날 인정하는 거요?"

"우히히, 저온살균의 창시자 파스퇴르."

지킬은 정신 상태가 안 좋긴 하지만 어쨌거나 과학자였다. 파스퇴르를 알고 있는 것이 분명했다. 미생물학의 아버지, 저온살균의 창시자. 현대의 우리나라에까지 파스퇴르 이름을 딴 우유가 있는 것으로 보아 아주 유명한 과학자 같았다. 그렇다면 타임머신이 왜 여기로 이끌었을까? 생각에 잠겨 있던 정호가 나섰다.

"파스퇴르 아저씨, 아저씨의 명성은 저 멀리 동양까지 알려져 있어요. 그래서 우리가 아저씨를 보러 이렇게 멀리 온 거예요."

파스퇴르는 반색했지만 금세 시무룩한 표정으로 바뀌었다.

"난 너희 말처럼 유명하지 않아. 내 연구는 과학자들에게 비난만 받을 뿐이라고. 아무튼 들어오거라. 날 찾아온 손님이니 저녁 식사를 같이하자꾸나."

다행히 파스퇴르는 지킬 일행을 집 안으로 들였다. 거실에서 잠시 쉬고 있는데 화장실에 들어간 지킬이 괴성을 질렀다.

"으아악!"

초연과 정호가 놀라서 달려갔다.

"할아버지! 왜 그러세요?"

"이, 이놈들 기어이… 타임머신을 가동해 버렸어."

지킬의 눈매가 날카로워져 있었다. 하이드로 변한 것이다. 정호는 다시 초연의 뒤에 숨었다. 초연은 기죽지 않고 당당하게 말했다.

"우리가 한 게 아니라고요. 지킬 할아버지가 타임머신을 발동했어요."

"누구더러 지킬 할아버지래! 그 타임머신은 엄청난 문제가 있단 말이야."

지킬은 세면대를 손으로 짚고는 다 포기한 사람처럼 고개를 좌우로 흔들었다.

"다시 돌아가면 되잖아요."

지킬은 옷 안쪽에서 다시 수정 목걸이를 꺼냈다. 빛을 잃은 수정은 그냥 투명한 유리처럼 보였다.

"이놈들아, 에너지가 채워질 때까지 갈 수 없다고, 그리고… 으이구, 말을 말자."

초연 뒤에 숨어 있던 정호가 빼꼼 고개를 내밀고 말했다.

"지킬 할아버지, 그 에너지는 어떻게 채우는데요?"

"근데 너희는 왜 나를 그렇게 부르냐?"

"그럼, 성함을 알려 주세요."

"됐고, 맘대로 불러라. 근데 여긴 어디냐? 우리가 어디로 온 거야?"

"우리는 과학자 파스퇴르 아저씨 집에 와 있어요."

"오! 미생물학의 아버지이자 백신을 연구한 위대한 과학자의

집이군. 그가 활동한 시기라면 1800년대 중반쯤이겠네."

지킬은 혼잣말을 하다가 아차 싶었는지 자신의 입을 막았다.

"너희, 파스퇴르에게 쓸데없이 아는 척하지 말거라."

"우린 중학생이에요. 과학 잘 모르니 걱정 말아요."

"21세기 중학생 지식이면 여기서는 박사야! 아무튼 무심코 뭐라도 말하지 않게 조심해야 해. 우리가 관여하면 역사가 틀어질수 있어! 내 말 명심해!"

그때 노크 소리가 들리고 파스퇴르가 문밖에서 말했다.

"화장실에서 뭐 하는 거냐? 어서들 나와라. 저녁 식사가 준비되었단다."

넷은 파스퇴르의 집사가 차린 4인용 식탁에 자리를 잡고 앉았다. 소나무로 만든 식탁과 은촛대 장식이 분위기를 그럴싸하게 만들어 주었다. 초연과 정호는 패밀리 레스토랑에라도 온 듯 스테이크를 흡입했다. 그러는 동안 파스퇴르는 질리지도 않는지 포도주를 연신 마시고 있었다. 처음 만났을 때부터 지금까지 줄곧 표정이 좋지 않았다. 지킬도 인상을 쓴 채 포도주를 마시다가 파스퇴르에게 넌지시 말을 건넸다.

"파스퇴르 박사, 뭔가 걱정이 있소? 표정이 좋지 않소."

파스퇴르는 포도주가 들어 있는 잔을 손목 스냅을 이용해서 빙글빙글 돌렸다. 잔 속의 포도주가 찰랑거렸다. 그는 다시 한 모금을 마시고 잔에 남은 포도주를 지그시 보았다.

"이 포도주가 발효되는 데 미생물이 관여한다는 것을 알고 있습니까?"

"그건 당연한 것 아니오? 효모는 산소가 없는 상태에서 알코올 발효를 시작하지 않소?"

현대에는 미생물의 활동으로 알코올이 만들어진다는 알코올발효의 개념이 잘 알려져 있다. 하지만 지킬의 대답에 파스퇴르는 놀란 토끼 눈이 되었다.

"당신은 누구신데 그것을 알고 있습니까? 알코올발효를 이해하는 사람이 또 있다니."

지킬은 현대 과학 지식을 말해 버리고는 놀라서 자기 입을 틀어막았다. 다행히 고기를 먹느라 정신없는 초연과 정호는 주의 깊게 듣고 있지 않았다.

"에… 나도 과학을 공부하는 과학자요. 포도주 발효에 대한 당신 논문을 읽었소."

"아, 그렇군요."

"파스퇴르 박사. 내가 기억이 좀 가물가물해서 그런데 지금이 정확히 몇 년도요?"

"1865년입니다. 이 친구들이 고기를 잘 먹네요. 더 가져오겠습니다."

파스퇴르는 1860년에 발효에 관한 논문으로 상을 받았고, 1863년에는 포도주에 관한 연구를 시작했다. 지킬은 파스퇴르가 자리를 비운 사이, 초연과 정호에게 속삭이듯 또 한 번 경고했다.

"지금은 아직 현미경의 해상도도 높지 않고, 세균과 바이러스의 차이조차 모르는 시기야. 그러니 말 하나하나 생각하며 해야 해. 알았니?"

초연이 고기를 입에 넣으며 어깨를 으쓱했다. 지킬만 잘하면 된다는 뜻이었다. 파스퇴르가 고기를 더 가져와 초연과 정호 앞에 놓았다. 정작 그는 자기 접시에 놓인 음식을 깨작거릴 뿐 거의 먹지 않았다.

"한데 파스퇴르 박사, 그런 위대한 연구를 하는 박사가 왜 얼굴에 근심이 가득하오?"

파스퇴르는 잔에 남은 포도주를 한입에 다 마시고는 힘없이 말했다.

"과학자들은 제 연구를 도무지 믿지 않습니다. 발효는 미생물이 하는 일이 아니라, 오랜 시간이 지나면 자연적으로 일어나는 일이라고 믿지요."

"왜 별 볼일 없는 과학자들의 말에 신경을 쓰오? 그냥 자신의 연구를 묵묵히 하면 되지."

"저도 그렇게 생각해 왔어요. 하지만 이번에 농림부 장관이 저에게 콜레라를 해결해 달라는 부탁을 했답니다."

지킬은 현대의 지식을 설명해 주고 싶어 입이 간질거렸지만 꾹 참았다. 콜레라는 콜레라균 감염으로 급성 설사가 일어나고 심각한 탈수가 빠르게 진행되어 죽음에 이를 수 있는 전염성 감염 질환이다. 파스퇴르의 시대에는 상·하수 시설이 잘 발달하지 않아서 식수가 깨끗하지 않았고 그로 인해 콜레라 발병 위험이 높았다. 의학도 발달하지 않았기 때문에 한번 걸리면 사망률도 높을 수밖에 없었다. 파스퇴르는 고개를 좌우로 흔들었다.

"저는 실생활 문제를 해결하기 위해 과학을 연구하는데, 사람들의 비난만 받고 있으니 더는 연구할 의욕이 없습니다. 더군다나 콜레라를 해결해 달라니…. 그게 얼마나 어려운 일인지 알지도 못하는 사람들이 그저 입으로만 증명해 보라고 하지요."

이 시대에는 미신을 믿는 사람들이 대다수여서, 콜레라는 신이 노여워하거나 공기의 질이 좋지 않아 일어난다고 생각했다. 파스퇴르는 어디서부터 어떻게 콜레라를 연구해야 할지 알 수 없는 상황에 지쳐 있었다.

"으흠. 아무튼 난 파스퇴르 박사를 지지하오. 연구를 끝까지 해 보시오."

그렇게 우울한 저녁 식사를 마치고 파스퇴르는 셋에게 손님방을 내어 주었다. 방에 셋만 남자 초연은 지킬에게 따지듯 말했다.

"할아버지는 파스퇴르 아저씨가 불쌍하지도 않아요? 힌트라도 좀 주세요."

지킬의 눈썹이 치켜 올라갔다.

"이놈! 역사를 바꿀 수는 없어! 내가 주는 힌트가 나비효과가 될지도 모른단 말이야."

"그럼 왜 타임머신을 개발했어요? 타임머신만 개발하지 않았으면 이런 일 자체를 걱정할 필요가 없잖아요!"

"그, 그건… 아무튼 입 다물고 있어. 파스퇴르에게 힌트를 줘서 역사를 바꾸면 안 돼!"

"우린 과학 지식이 없어서 바꿀 수도 없다고요!"

다음 날 아침, 지킬은 하회탈 인상으로 돌아와 있었다. 초연은 하이드가 돌아와 방해하기 전에 파스퇴르에게 실험실을 구경시켜 달라고 했다. 지식이 없어 과학을 가르쳐 줄 수는 없어도 파스퇴르의 연구 의욕을 높여 주고 싶어서였다. 파스퇴르는 선뜻 허락했다. 실험실로 가면서 정호가 초연에게 걱정스럽게 말했다.

"초연아, 지킬 할아버지가 역사에 관여하면 안 된다고 했잖아."

"지금 파스퇴르 아저씨를 보라고, 여차하면 연구를 포기할 기세야. 오히려 우리가 뭔가 해야 역사를 바로잡을 수 있는 건지도 몰라."

정호가 보기에도 파스퇴르는 모든 것을 포기한 사람 같았다. 실험실로 향하는 지금도 술병을 손에서 놓지 않고 있었기 때문이다.

집 뒤쪽의 실험실에는 오래된 가구와 유리 기구, 그리고 로봇처럼 생긴 옛날 현미경이 있었다. 학교의 과학실보다 시설이 좋아 보이지 않았다. 과거의 과학자들은 이런 열악한 환경에서 연구를 해 역사적인 결과를 얻어 냈다니…. 정호는 새삼 감탄했다.

파스퇴르는 현미경을 통해 포도주에 있는 효모를 보여 주었다. 렌즈 너머로 보이는 효모는 동글동글하고 눈사람처럼 두 쪽이 붙은 것도 있었다. 초연이 귀엽다고 좋아하자 정호가 효모는 출아법으로 번식한다는 것을 알려 주었다. 출아법은 무성생식을 통해 자신과 유전자가 같은 개체를 만드는 방법이었다.

"와, 정호 넌 그걸 어떻게 알았어?"

정호는 파스퇴르가 다른 곳에 신경을 쓰느라 듣지 않는 틈을 타 조용히 말했다.

"중학교 1학년 과학 교과서에 있잖아."

"그래? 너 공부 좀 하는구나?"

"으이구, 이건 기본이라구!"

세 사람은 기계 앞에서 작업을 하고 있는 파스퇴르에게 다가갔다. 포도주병을 어떤 장치에 넣어 가열하고 있었다. 초연과 정호가 과학 실험에서 해 봤던 물중탕과 비슷했다. 물체를 물이 담긴 용기에 넣어 간접적으로 가열하는 방법이었다. 그 모습을 본 지킬이 말했다.

"우히히, 저온살균."

파스퇴르가 놀라 뒤돌아봤다.

"지킬 박사님, 뭐라고 하셨어요?"

"우히히, 우유와 포도주를 저온살균한다."

"오, 박사님, 제 이론을 잘 이해하시는군요! 저는 우유와 포도주가 상하는 게 미생물 때문이라고 생각하거든요."

"우히히, 저온살균의 창시자 파스퇴르."

정호가 초연에게 속삭였다.

"우유를 고온으로 끓이면 우유 속 단백질이 변해 버려서 저온살균을 한다고 하던데, 그게 파스퇴르 아저씨가 개발한 건가 봐!"

"그래서 우리나라에 파스퇴르 우유가 있는 거구만?"

초연이 실실 웃고 있는 지킬을 바라보며 덧붙였다.

"아무튼 저렇게 과학 지식을 조심성 없이 말하는 걸 보니, 지킬 박사랑 하이드는 인격만 다른 게 아니라 의견 일치도 안 되는 것 같네."

"그러게. 우리가 지금의 할아버지를 막아야 하는 것 아닐까?"

"일단 지켜보자고."

파스퇴르는 웃고만 있는 지킬에게 이것저것 묻기 시작했다.

"지킬 박사님, 가르침을 주십시오. 사람들은 미생물 때문에 음식이 상하는 걸 믿지 않아요. 어떻게 하면 이걸 증명할 수 있을까요?"

"우히히, 나도 몰러."

"네? 박사님?"

"우히히, 미생물학의 아버지."

지킬은 더는 할 말이 없는 것 같았다. 초연이 얼른 파스퇴르에게 귀띔했다.

"지킬 할아버지는 머리가 조금 아프셔서 저렇게 왔다 갔다 하세요."

"음, 나이가 들면 점점 인지 기능이 떨어진단다. 어제는 멀쩡했다가 오늘은 아이처럼 변하기도 하지."

초연은 어찌 되었든 파스퇴르가 이해했다고 안심하고 말을 돌렸다.

"그건 그렇고, 우리에게 지금 아저씨의 연구를 설명해 주시겠어요?"

"좋다. 난 땅에 떨어진 포도가 왜 상하는지 연구했단다. 포도밭 흙에는 어떤 미생물이 사는데 그게 포도를 상하게 한다는 가설을 세웠어. 그래서 밀폐된 곳에 포도를 넣어 봤더니 포도가 상하지 않았지."

이 정도는 초연도 쉽게 이해할 수 있었다.

"그야 밀폐해서 땅의 세균이 포도에 없으니 당연하죠."

"오호! 너도 이해가 빠르구나. 하지만 다른 과학자들은 밀폐를 시켰기 때문에 자연의 정기가 들어갈 수 없으니 포도에 세균이 생기지 않고 썩지 않는다는 거야."

파스퇴르는 고뇌에 찬 표정으로 말을 이었다.

"대부분 과학자들은 죽은 생물이나 음식에는 미생물이 저절로 생기고 그래서 음식이 썩는 게 자연의 이치라고 생각한단다."

"아저씨는 어디선가 들어온 미생물의 활동으로 음식이 썩는 거라 생각하고요?"

"그렇지. 한데 증명을 못 하겠어."

초연은 당연히 파스퇴르의 가설이 정답이라는 것을 알고 있었다. 괴로워하는 파스퇴르에게 뭔가 알려 주고 싶었지만 그럴 수 없다는 것이 안타까웠다.

"정호야. 과학 시간에 배운 거, 뭐 기억나는 것 없어?"

"으, 과학 공부 좀 열심히 해 둘걸. 뭐 방법이 없을까?"

정호가 곰곰이 생각하다가 말했다.

"다른 사람들은 음식이 썩지 않은 원인이 '밀폐'였다고 생각하잖아. 그럼 반대로 공기가 통하는 곳에서도 음식이 썩지 않는 걸 증명하면 되지 않을까?"

"어떻게? 공기가 통하면 세균이 들어가잖아."

정호가 머리를 긁적였다.

"그렇겠지? 공기가 통하면서도 세균이 들어가지 못하게 할 수는 없겠지?"

파스퇴르는 초연과 정호가 핑퐁처럼 주고받는 이상한 말들을 잠자코 듣고 있었다. 둘의 말이 힌트가 되었는지 술에 취해 탁했던 눈동자가 어느새 선명하게 돌아와 있었다. 파스퇴르가 입술을 달싹이며 낮게 읊조렸다.

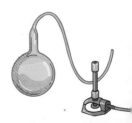

"공기가… 통하는 곳에서… 썩지 않음을… 증명하라."

"아저씨? 가능하겠어요?"

"세균에게 뇌가 있어서 방향을 정하고 움직이는 건 아닐 거야…"

파스퇴르는 혼잣말을 하다 손가락을 딱 튕기고는 당장 작업을 시작했다. 먼저 강력한 불을 내뿜는 버너로 둥근바닥 플라스크의 입구를 가열했다. 그리고 유리가 빨갛게 달아오르자 입구를 집게로 잡아당겨 늘렸다. 플라스크의 입구가 젤리처럼 길게 늘어나면서 좁아졌다.

"이거야! 고맙다, 애들아. 너희 덕에 답을 찾을 수 있을 것 같구나!"

파스퇴르는 집으로 달려가서 어제 먹다 남은 고기를 가져왔다. 고기를 잘게 잘라 즙을 낸 뒤에 둥근바닥 플라스크에 담고, 아까 같은 방법으로 입구를 늘렸다. 길게 뽑은 입구를 S자형으로 만들고 플라스크 아래를 가열하기 시작했다.

잠시 후 고기즙이 끓자 가느다란 입구에서 수증기가 폭폭 새어 나왔다. 파스퇴르는 자신감에 찬 목소리로 말했다.

"애들아! 이렇게 가열하면 고기즙에 있는 모든 미생물이 죽을 거야. 고기즙이 썩으려면 미생물이 고기즙으로 다시 들어가야겠지. 하지만 이렇게 입구를 길게 늘여 S자로 만들면 세균이 들어오다가 중간의 작은 물방울에 잡혀 고기즙까지 도달하지 못할 거다."

초연이 파스퇴르의 말에 맞장구를 쳤다.

"그렇다면 고기즙이 영원히 썩지 않겠네요!"

"그렇지. 세균은 절대 저절로 생기지 않아. 이 실험이 성공하면 생물이 자연적으로 발생한다는 기존의 학설을 완전히 엎고, 생물은 생물로부터 나온다는 내 이론을 증명할 수 있는 거란다."

"역시 아저씨는 대단한 과학자예요."

그때 뒤에서 지킬이 말했다.

"우히히, 백조목 플라스크."

"오, 지킬 박사님! 그 이름 좋네요. 백조의 기다란 목과 비슷하니, 그렇게 불러야겠어요!"

정호가 지킬에게 다가가 속삭였다.

"할아버지, 잘하셨어요."

그때 정호의 눈에 지킬 목에 걸린 목걸이가 보였다. 수정이 점차 녹색으로 변하고 있었다.

"이놈들, 나 없을 때 이상한 짓 벌이지 않았겠지?"

잠에서 깨어난 지킬의 쨍쨍한 목소리가 방에 울려 퍼졌다. 이제 목소리만 들어도 알 수 있었다. 하이드로 변한 것이었다. 초연이 눈을 비비며 일어났다.

"할아버지, 지킬이었다 하이드였다 하는 기준이 도대체 뭐예요?"

"음, 내가 그걸 알면 그 바보 같은 영감탱이가 나오게 놔둘 것 같아?"

"그럼 그 할아버지가 뭔 일을 했는지 기억 못하시는 거예요?"

"쓸데없는 짓을 한 건 아니지?"

하이드로 변하기 직전 기억이 없다는 걸 확인한 초연은 의미심장하게 말했다.

"걱정 마세요. 말은 별로 없는 분이니까요."

정호가 옆에서 거들었다.

"어제 파스퇴르 아저씨가 백조목 플라스크를 만들어서 생물이 생물로부터 나온다는 것을 증명하는 실험을 했어요."

"오! 드디어 자연발생설을 부정하는 생물속생설 연구가 끝났구

나. 역시 대단한 과학자야."

지킬이 흐뭇하게 웃다가 갑자기 인상을 쓰며 말했다.

"너희 혹시라도 파스퇴르 박사에게 백신 이야기는 절대로 하면
안 된다. 그건 10년 뒤에나 연구되어야 해."

"우리는 백신이 뭔지 잘 몰라요. 말하고 싶어도 못 한다고요."

"그럼 됐다."

지금 대한민국뿐 아니라 전 세계는 '코로나19 바이러스'로 고
전하고 있었다. 지난해보다는 약간 수그러들어서 대면 수업을 하
게 됐지만, 또 언제 비대면 수업으로 전환될지 알 수 없는 상황이
었다. 타임머신을 타고 떠나오기 직전, 대한민국에서도 '코로나19
백신' 접종이 차례로 시작된 참이었다.

하지만 파스퇴르에게 뭔가 말하고 싶어도 초연은 백신의 정확
한 개념을 몰랐다. 반 친구들 사이에서도 "백신 맞을 거야?" "아니,
부작용 있대." "백 프로 예방도 아니래." "그래도 맞아야지." 등등
말만 무성했고 정확히는 알 수 없었다.

정호가 포기하지 않고 물었다.

"지킬 할아버지. 요즘 코로나19 백신을 맞고 있다고 하잖아요.
그럼 백신이 코로나19 치료제인가요?"

정호의 질문에 지킬 얼굴의 주름이 더욱 깊어졌다.

"어허, 이렇게 무식한 애들이 있나. 백신이 치료제라니…"

"할아버지, 우리는 중학생이라고요."

"그래. 이리 와서 앉아라. 내가 면역에 대한 핵심 강의를 해 주지."

초연과 정호가 가운데 테이블에 앉자 지킬은 이제까지와 달리 한결 온화한 목소리로 설명을 시작했다.

"병원체라는 말 들어 봤지? 병원체에는 여러 가지가 있지만 일반적으로 세균과 바이러스로 나뉜다. 그건 알지?"

"감기도 바이러스고, 코로나19도 바이러스잖아요."

아는 얘기가 나오자 초연이 재빨리 대답했다.

"좋아. 우리 몸은 외부에서 침입하는 병원체를 방어하려고 하지. 그 방어기제가 어딘지 아니?"

초연은 금세 과묵해졌지만 평소 초연보다는 과학에 살짝 자신 있던 정호가 대답했다.

"혈액 아닌가요? 백혈구가 몸에 침입한 병원균을 제거한다고 들었어요."

지킬이 고개를 끄덕였다.

"그래. 백혈구는 몸에 들어온 병원체를 인식해 항체를 만든단다. 항체는 집게처럼 생겼는데 병원체를 붙잡아 움직이지 못하게

하지. 그러면 백혈구가 병원체를 잡아먹기 쉽겠지? 이 모든 작용이 내가 의식하지 않아도 몸에서 저절로 일어나는 거란다."

정호는 지킬의 말을 이해했는지 고개를 끄덕였다.

"아, 그럼 병을 치료하는 건 항체군요. 그리고 백신은 치료제가 아니라고…."

"그래, 백신은 병원체란다."

초연이 놀라며 말했다.

"병균을 몸에 넣으면 병에 걸리잖아요!"

"독성을 약화해 주사를 놓거든. 독성이 약한 병원체가 몸속에 들어가면 어떤 일이 일어날까?"

정호가 갑자기 손을 번쩍 들었다.

"항체가 만들어집니다!"

지킬이 초연을 힐끗 보더니 다시 정호를 보며 말했다.

"넌 누구보다는 똑똑하구나."

초연이 손으로 테이블을 탁 쳤다.

"비교하지 말라고욧!"

지킬이 헛기침을 하고 계속 말을 이었다.

"아무튼 이게 면역이란 거다. 한 번 몸에 들어왔던 병원체를 기억했다가 서둘러 제거하는 거지."

"아, 아기 때 맞았던 홍역 주사 덕에 제가 홍역에 걸리지 않는 것처럼요?"

"그래. 그 백신이란 걸 처음 실험적으로 연구한 사람이 이 집 주인 파스퇴르야."

"아, 빨리 코로나19 백신을 다 맞아서 모든 사람에게 면역이 생기면 좋겠네요."

파스퇴르가 뭔가 더 설명하려고 할 때, 저택의 집사가 아침 식사를 하러 오라고 알렸다. 지킬은 다시 눈썹을 치켜올리고는 엄하게 말했다.

"이런 면역 과정을 지금 파스퇴르 박사에게 말해도 이해하지 못하겠지만, 혹시라도 역사를 바꿀지 모르니 아무 말도 해선 안 돼. 그런다면 너희를 여기 떼어 놓고 나 혼자 돌아갈 거야!"

"할아버지나 조심하시죠!"

오늘의 식사는 더욱 화려했다. 불에 구운 닭 요리, 낯선 생김새의 생선 조림, 달걀을 이용한 타르트, 화려한 색의 채소를 볶은 요리, 해물 스튜…. 파스퇴르가 몰라보게 밝아진 모습으로 이들을 맞이했다.

"오, 박사님, 얘들아, 어서 오렴. 오늘 프랑스의 전통 요리를 모두 준비했단다."

파스퇴르가 신이 난 목소리로 말했다.

"이틀이 지났지만 백조목 플라스크의 고기즙에서 미생물이 발견되지 않았어요. 음식물 부패 원인이 미생물이라는 확실한 증거가 되겠죠. 여러분의 도움으로 알아냈으니 감사의 뜻으로 만찬을 준비했답니다. 어서 앉으세요."

초연과 정호는 식탁에 앉기 전에 식당 한쪽의 수돗가에서 손을 씻었다. 코로나19 시대를 1년 넘게 살았더니 '손닦기 6단계'가 거의 버릇처럼 몸에 배어 있었다. 비누가 없어서 아쉬웠지만 대신 더 오래 박박 문질러 닦았다. 이 장면을 이상하다는 듯 바라보던 파스퇴르가 물었다.

"왜 그렇게 손을 오래 닦는 거지?"

초연이 무심코 대답했다.

"아저씨도 참. 손에는 세균이 많이 묻어 있으니 깨끗이 닦아야죠. 병에 걸리면 어떡해요."

지킬이 인상을 쓰며 노려봐서 초연은 입을 다물었다. 아직 위생 관념이 발달하지 않은 시대였다. 미생물의 존재는 알려졌지만 아직 미생물에 의해 병이 걸린다는 생각은 없었기 때문이다.

파스퇴르는 또다시 넋 나간 사람처럼 허공을 보며 중얼거렸다.

"세균과 질병이라…?"

모두 식탁 앞에 앉았는데도 파스퇴르는 여전히 허공을 보며 생각에 잠겨 있었다.

"파스퇴르 아저씨. 식사 안 해요?"

그때 파스퇴르가 자리에서 벌떡 일어났다. 그 바람에 그가 앉았던 의자가 뒤로 발라당 넘어갔다.

"콜레라! 콜레라도 더러운 물 때문이 아니라 혹시 물속 미생물 때문에 일어나는 게 아닐까?"

"그야 당연히 콜레라균 때문에, 흡!"

지킬은 무심코 말하다 자신의 입을 막았다. 파스퇴르가 반기며 말했다.

"그렇죠? 지킬 박사님도 그렇게 생각하시죠? 콜레라는 콜레라균, 장티푸스는 장티푸스균, 천연두는 천연두균 때문에 일어나는 거예요."

지킬은 시치미를 떼고 포크로 새우를 찍어 입에 넣었다.

"죄송하지만 지킬 박사님과 너희끼리 식사를 해라. 난 콜레라 연구를 시작해야겠어. 연구비를 신청하러 어서 장관을 만나러 가야겠다."

파스퇴르는 신이 나서 소리치더니 문밖으로 뛰어나갔다. 초연이 지킬에게 눈을 흘겼다.

"할아버지, 지금 누가 역사를 바꾸고 있죠?"

"흠흠. 파스퇴르 박사는 어차피 이쯤에 콜레라 연구를 시작하게 된다고."

하지만 지킬의 목소리는 점점 작아졌다. 초연은 아까 자신을 놀린 지킬에게 어떻게 복수할까 궁리하다가 지킬의 옷 너머로 비치는 희미한 녹색 빛을 보았다.

"할아버지! 목걸이 꺼내 보세요. 빛나고 있는데?"

"잉, 설마."

지킬이 서둘러 목걸이를 꺼냈다. 초연의 말대로 처음 이동했을 때처럼 녹색 빛이 뿜어져 나오고 있었다.

"이제 에너지가 채워졌나 봐요. 어서 집으로 돌아가요."

"오! 충분히 채워진 것 같구나. 그럼 돌아가자. 준비됐지?"

초연과 정호는 마른침을 꼴깍 삼키고는 고개를 끄덕였다.

"그럼 간다. 타임머신 발동!"

녹색 빛이 점차 강해지더니 무지개가 나타났다. 처음 타임머신이 발동할 때와 같았다. 이제 집으로 돌아갈 수 있는 것이다.

2 장

찰스 다윈과의
갈라파고스 여행

　세 사람은 거대한 배 위에 누워 있었다. 초연은 조금씩 흔들리는 배에서 중심을 잡으며 일어섰다. 사방이 바다였다. 초연이 지킬에게 소리쳤다.

　"뭐예욧! 여긴 바다 위잖아요."

　"우히히, 나도 몰러."

　하이드는 다시 숨어 버린 듯했다. 배의 뒤편에서 갑자기 나타난 이들을 보고 놀란 선원들이 달려왔다. 이번에도 현대 복장이 아니었다. 짙은 청색의 나팔바지와 사각의 흰 줄무늬 칼라가 달린 상의….

　"으악! 이번엔 또 어디로 온 거야?"

선원들은 각자 단도를 꺼내 들고 세 사람을 둘러쌌다.

"손 들어!"

초연과 정호는 손을 번쩍 들었지만 지킬은 그저 히죽거릴 뿐이었다.

"우히히, 찰스 다윈의 비글호."

"할아범, 손 들엇!"

한 선원이 칼로 위협하며 지킬에게 다가갔다. 정호가 얼른 달려가 지킬의 양손을 잡고 대신 들어 올렸다.

"이 할아버지는 머리가 아파요. 이해해 주세요."

그때 선원들 뒤에서 근엄한 목소리가 들렸다.

"길을 터라!"

목소리에 선원들이 갈라지고 두 남자가 걸어왔다. 앞에 선 남자는 황금색 단추가 두 줄로 장식된 검정 제복을 입고 있었다. 어깨의 황금색 숄과 가슴에 단 세 개의 훈장이 눈을 사로잡았다. 선원들 중 한 명이 그에게 말했다.

"피츠로이 함장님, 리마를 떠날 때 쥐새끼들이 숨어든 것 같습니다."

함장은 날카로운 눈빛으로 지킬과 초연, 정호를 관찰했다.

"피부색이 희지도 검지도 않군. 남아메리카 대륙의 인디오인가?"

"글쎄요. 인디오들과는 조금 다른 느낌이지만… 함장님, 어떻게 할까요? 상어 밥으로 바다에 던져 버릴까요?"

초연과 정호가 놀라서 도망칠 준비를 할 때, 지킬이 함장 옆에 선 남자를 손가락으로 가리켰다.

"우히히, 찰스 다윈."

다윈이라 불린 남자의 눈망울이 커졌다. 그는 군인도 선원도 아닌 듯했다. 밝은 갈색 양복에 청록색 조끼를 갖춰 입었고, 목에는 검정색 스카프를 가지런히 매고 있었다. 넓은 이마에 움푹 들어간 눈이 형형하게 빛났다. 밝은색 머리카락이 풍성한 구레나룻을 이루고 있었다. 그가 앞으로 나섰다.

"당신, 나를 아시오?"

지킬은 배 옆에 묶여 있는 작은 이동용 보트를 가리켰다. 보트 옆면에는 '비글호'라고 쓰여 있었다.

"우히히, 비글호의 찰스 다윈."

피츠로이 함장이 다윈에게 말했다.

"다윈 박사. 어떻게 된 거요? 아는 사람이오?"

"함장님, 애석하지만 전혀 모르는 사람입니다."

"우히히, 진화론의 창시자 찰스 다윈."

지킬은 정신이 왔다 갔다 하면서도 항상 역사적 지식을 말했다. 그의 말에 따르면, 지금 타고 있는 배는 비글호이고 앞에 선 남자는 위대한 과학자 찰스 다윈인 것이다. 초연과 정호도 중학교 1학년 과학 시간에 배운 것을 기억하고 있었다. 다윈은 비글호 항해 중에 갈라파고스의 다양한 생물상을 관찰하고 자연선택에 의한 진화론을 주장한 『종의 기원』을 썼다.

"다윈 아저씨, 혹시 지금 갈라파고스로 가고 있나요?"

"어떻게 알았지? 그리고 너도 날 알고 있어?"

정호가 어떻게 대답해야 할지 몰라 머뭇거릴 때, 초연이 앞으로 나왔다.

"호호호, 우리는 위대한 과학자 다윈 아저씨를 보러 온 거예요. 우리 이상한 사람 아니에요. 그리고 우린 동양에서 왔어요. 동양, 알아요?"

그때 피츠로이 함장이 아는 척했다.

"음, 알고말고. 대륙의 동쪽에는 청나라가 있어. 너희는 청나라 사람이로군? 아무리 그래도 내 배에 무단으로 침입하다니 용서할 수 없다."

그때 지킬이 피츠로이 함장을 가리키며 말했다.

"우히히, 왕의 피가 흐르는 로버트 피츠로이 함장."

함장의 어깨가 으쓱 올라갔다.

"에헴. 나에 대해서도 잘 알고 있군. 이들을 어떡한다?"

다윈이 말했다.

"함장님, 아량을 베풀어 주십시오. 마침 리마에서 사람들이 내렸으니 빈방이 있지 않습니까? 아마 이들도 함장님의 자비심에 감사할 겁니다."

초연이 손을 비비며 거들었다.

"여부가 있겠습니까요? 함장님의 명성이 청나라 전역에 퍼질 겁니다."

"으, 으흠. 그렇다면 다윈 박사가 이들을 책임지시오. 모두 제자리로 돌아가랏!"

함장의 명령에 선원들이 자신의 자리로 돌아갔다. 그제야 초연은 한숨을 내쉬었다. 정호는 초연의 순발력에 감탄했다. 초연은 위기 상황에서도 밝고 자신감이 넘쳤다.

"초연아, 너 아부에 재능이 있네? 크크크."

"이 자식이! 웃어? 나 아니었으면 벌써 상어 밥이 됐다고!"

물론 지킬이 다윈을 알아본 덕이었지만, 초연도 큰 역할을 한 것은 확실했다.

"크크, 알지. 고마워서 그래."

짝짝. 다윈이 박수를 쳐서 셋의 주의를 끌었다.

"자, 여러분! 갑작스럽지만 비글호에 탑승한 것을 환영합니다. 저는 지질학과 생물학을 연구하는 찰스 다윈입니다. 이미 여러분은 저를 아는 것 같지만요. 이제 여러분을 소개해 주실래요? 여기 어르신부터 소개해 주시죠."

"우히히, 난 몰러."

얼른 초연이 나섰다.

"지킬이에요. 이분도 과학자입니다. 지킬 박사님이라고 부르세요. 그리고 전 윤초연, 쟤는 이정호예요."

"그래, 반갑다. 자, 그럼 자네들은 날 잘 알고 있는 것 같은데 어떻게 된 건지 설명해 볼래?"

하이드가 돌아오면 역사에 관여한다고 또 화를 낼 것이다. 정호는 얼른 말을 돌렸다.

"우연히 학술지에서 봤어요. 그보다 먼저 저희가 머물 방을 안내해 주시면 안 될까요? 할아버지는 머리가 많이 아프세요. 지금은 휴식이 필요할 것 같아요."

"우히히, 비글호."

다윈은 어깨를 으쓱해 보이고는 셋을 데리고 선실로 향했다. 안내받은 방은 가로 3미터, 세로 5미터 정도로 아주 좁았다. 게다가 초연이 서 있으면 머리가 거의 닿을 정도로 천장이 낮았다. 거기에 작은 크기의 침대가 문 왼쪽으로 두 개, 오른쪽으로 한 개 들어가 있었다. 먼저 들어간 초연이 한숨을 쉬며 말했다.

"후, 진짜 좁다. 내가 오른쪽 침대를 쓸 테니 네가 할아버지와 왼쪽 침대를 써."

정호가 지킬을 부축해 따라 들어왔다.

"아마 다른 선실도 대부분 이렇게 좁을 거야. 할아버지, 조심하세요. 천장이 낮아요."

정호의 경고에도 불구하고 지킬은 낮은 천장을 가로지르는 막대에 머리를 쿵 부딪혔다. 지킬이 바닥으로 쓰러지자 정호와 초연이 놀라서 부축했다.

"할아버지! 괜찮으세요?"

순간적으로 정신을 잃었다 깨어난 지킬의 눈매는 다시 날카로워져 있었다.

"여기가 어디냐? 대한민국으로 돌아온 게냐?"

"아, 아니요. 할아버지, 여기는 비글호예요."

지킬은 선실에 난 동그란 창문으로 밖을 내다보고 복도로 나가 이곳저곳을 살폈다.

"어째서 돌아가지 못한 거지?"

초연이 양어깨를 으쓱해 보였다.

"타임머신을 만든 사람도 모르는데 저희가 어떻게 알겠어요?"

지킬도 할 말이 없는지 구겨졌던 표정이 조금 풀렸다.

"그런데 이 배가 비글호라고? 또 대단한 곳으로 왔구나. 너희, 다윈을 만났어?"

"그 다윈이 우리를 구해 줬어요."

"혹시 역사를 뒤집을 그런 말은 하지 않았겠지?"

"할아버지의 다른 인격이나 조심시키세요."

"그 바보 같은 영감탱이가 또 무슨 말을 한 게냐?"

초연은 지킬을 골려 주기 위해 과장해서 말했다.

"진화론의 창시자 어쩌고저쩌고하면서 다윈 아저씨에게 잘도 떠들더군요."

지킬은 풀이 죽은 채 초조해하며 손을 비볐다.

"음… 큰일이군. 역사에 손대고 말았어."

옆에서 지켜보던 정호가 말했다.

"할아버지, 걱정 마세요. 그 정도로 심각한 건 아니었어요. 초연이 너도 그만하고."

흥이 깨진 초연은 흥 하고 자신의 침대에 누웠다. 정호가 지킬에게 물었다.

"그런데 할아버지. 할아버지는 두 개의 인격이 번갈아 나타나는 것 같은데 어떤 상황에서 바뀌는지 아세요?"

"나도 모른단다."

"방금은 머리를 부딪혔어요. 타임머신이 작동하거나 잠에서 깼을 때도 바뀐 적이 있고요."

초연이 정호의 말을 듣다가 침대에서 홱 몸을 일으켰다.

"혹시 머리에 충격을 받았을 때?"

지킬이 뒤로 물러서며 황급히 말했다.

"내 머리를 때려서 그 노인네 불러올 생각은 하지 마!"

"으이구, 제가 그런 패륜아로 보여요?"

지킬이 고개를 끄덕일 때, 다윈이 문 앞에 나타났다.

"자, 그럼 식당으로 식사를 하러 가 볼까요?"

다윈이 앞장서자 지킬이 따라나서며 초연과 정호에게 속삭였다.

"너희 항상 말조심하는 것 잊지 말거라."

초연은 지킬의 뒤통수에 메롱 하고 혀를 내밀었다. 방에서 나와 복도를 따라 20미터쯤 걸어가자 식당이 나왔다. 셋은 다윈을 따라 줄을 서서 차례대로 식판에 음식을 받아 왔다. 희멀건 감자 수프, 통조림 고기, 그리고 말린 과일이었다. 넷은 구석에 따로 떨어

진 식탁에 앉아 식사를 시작했다. 예의상으로라도 음식이 맛있다고 할 수는 없었다. 다윈도 눈치챘는지 미소 띤 얼굴로 말했다.

"항해가 길어지다 보니 신선한 식재료가 없어요. 그래도 말린 과일은 꼭 먹어 두세요. 항해가 오래되면 괴혈병에 걸리기 쉬우니까요."

지킬이 말린 과일을 하나 들어 입에 넣으며 말했다.

"과일에는 비타민 C가 들어 있으니까."

초연과 정호도 비타민은 잘 알고 있었다. 비타민은 우리 몸의 여러 가지 생리작용을 돕는 영양소이다.

"지킬 박사님, 비타… 뭐라고요?"

지킬은 자신이 또 실수한 것을 알고 손을 내저었다.

"아무것도 아니오, 다윈 박사. 그저 우리나라에서 부르는 말일 뿐이오. 그나저나 지금 비글호는 어디로 가고 있소?"

"우리는 직전에 페루의 리마를 떠나왔어요. 곧 갈라파고스 제도에 도착할 겁니다. 선원들이 거기서 신선한 음식 재료를 구해 올 거예요. 전 갈라파고스 토종 생물을 채집할 거고요."

"오, 다윈 박사, 지금 갈라파고스라고 했소?"

"네, 갈라파고스 제도를 가 보셨어요?"

"아니오. 가 보고 싶은 곳이오. 내 생전에 갈라파고스를 가다니…. 거기에는 갈라파고스 땅거북과 핀치새, 이구아나, 물범…"

다윈은 흥분해서 연신 떠들어 대는 지킬을 멍하니 보았다.

"지킬 박사님, 갈라파고스에 안 가 보시고 어떻게 그리 자세히 알고 있나요?"

"헙!"

지킬은 두 손으로 자신의 입을 막았다. 초연이 포크로 통조림 고기를 찍으며 말했다.

"누가 입조심을 해야 하는지 모르겠네요."

정호가 서둘러 수습에 나섰다.

"리마 항구에서 페루 사람들에게 들었어요. 그렇죠? 지킬 할아버지."

"그, 그래. 들었소, 다윈 박사. 갈라파고스에는 다양한 생물이 있다고 말이오."

다행히 다윈은 크게 생각하는 것 같지 않았다.

"그랬군요. 다양한 생물이 있다니 저도 기대됩니다. 그럼 식사를 마친 것 같은데 나가시죠."

다윈이 먼저 일어서 식당을 나갔다. 셋은 다윈을 뒤따라갔다. 정호가 지킬에게 나지막이 말했다.

"지킬 할아버지, 왜 이렇게 흥분하셨어요?"

"내가 흥분하지 않을 수 없지. 찰스 다윈은 인류 역사상 가장 위대한 과학자라고. 나도 개인적으로 가장 존경하는 과학자고."

"우리도 1학년 과학 시간에 생물 다양성을 배우긴 했지만… 다윈 아저씨가 그렇게 대단해요?"

"너희는 아직 그 위대함을 깨닫기 어려울 거다."

넷은 계단을 통해 배의 갑판으로 올라왔다. 타임머신으로 이동해 깨어난 곳도 여기였다. 그때는 정신도 없을뿐더러 선원들이 칼을 들이대서 주변을 제대로 살펴보지 못했다. 안정된 상태로 갑판에 올라오니 탄성이 절로 나왔다.

배는 목선이었지만 갑판 바닥에는 구리판이 깔려 있었다. 세 개의 거대한 돛이 바람을 받아 크게 부풀었다. 돛대 꼭대기에는 영국 국기가 펄럭이고 있었다. 초연은 양손을 펼치고 새가 날 듯 펄쩍펄쩍 뛰어다녔다.

"와~ 이거 완전히 영화 세트장인데!"

"그러게. 캐리비안 해적의 배 같아. 이 대포 봐 봐. 진짜로 발사될까?"

초연과 정호가 흥분한 채 배의 이곳저곳을 뛰어다니자 지킬이 다른 선원들의 눈치를 보며 둘을 불렀다.

"얘들아. 그만 뛰고 이리 와라."

둘은 아쉬워하며 다윈과 지킬이 서 있는 배의 옆면으로 왔다. 비글호는 바람을 받으며 에메랄드빛 바다를 가르고 있었다. 초연이 흥분이 가득한 목소리로 말했다.

"정말 대단해요. 이런 재미있는 여행이라면 평생 할 수 있을 것 같아요."

다윈이 초연의 반응을 흥미로워하며 말했다.

"그래? 하지만 배 여행은 그리 재밌지만은 않아."

다윈이 배의 난간을 잡고 아련히 먼바다를 보며 이야기를 시작했다.

"이 비글호는 1831년 12월 27일에 영국을 떠나왔단다. 남아메리카의 해안을 정밀하게 측정했지. 난 과학자로서 배에 합류했으니, 생물 표본을 만들고 지질을 상세하게 연구하는 일을 했어. 그러다 폭풍에 표류하기도 하고, 대지진을 만나 죽을 뻔하기도 하고…. 나도 이제 지쳤단다."

"아, 다윈 아저씨, 혹시 오늘은 며칠인가요?"

"오늘? 9월 15일이지. 처음 항해는 2~3년으로 계획했는데, 벌써 4년째야. 이제 태평양을 건너고 있으니 영국에 도착하려면 1년은 더 가야 한단다."

"배에서 4년이라니, 정말 힘드시겠네요."

"그래도 난 생물 연구가 좋아. 어서 갈라파고스에 도착해 다양한 생물 표본을 채집하고 싶구나."

그때 가장 높은 가운데 돛에 올라가 전방을 살피던 선원이 소리쳤다.

"함장님! 섬이 보여요. 갈라파고스 제도에 도착했어요."

배가 조금 더 전진하자 멀리 섬의 전경이 눈에 들어왔다. 낮은 밥그릇을 엎어 놓은 것 같은 여러 개의 섬들이 모여 있었다. 다윈이 휴대용 망원경으로 섬들을 살펴보더니 말했다.

"섬들의 모양이 단조롭네요. 작은 언덕처럼 보이는 것들은 과거의 분화구예요. 이 섬들은 화산 폭발로 만들어진 것이 분명해요. 우리가 가장 먼저 상륙할 섬은 채텀섬입니다."

비글호는 채텀섬 주변으로 접근해 만에 닻을 내려 정박했다. 그리고 비글호 옆의 보트를 내려 차례차례 섬에 상륙했다.

선원들은 음식 재료를 구하러 가고, 지킬 일행은 다윈을 따라나섰다. 용암이 식어 이루어진 섬답게 여기저기 작은 언덕이 있었고 덤불이 무성했다. 적도 지방의 더운 날씨에 울창한 덤불을 헤치고 앞으로 나가는 것조차 쉽지 않았다. 초연은 타머산을 날쌔게 오르던 속도로 어느새 앞장섰고, 정호는 맨 뒤에서 헉헉거리며 "천천히!"를 연발했다.

얼마나 지났을까? 초연이 소리쳤다.

"거북이다!"

갈라파고스 땅거북은 긴 목을 빼고 선인장을 먹고 있었다. 초연의 소리에도 놀라지 않고 계속 선인장을 먹는 데 몰두했다. 다윈은 매우 감명을 받은 듯 숨소리가 거칠었다.

"오! 이 거대한 파충류는 마치 대홍수 이전의 생물 같아요. 그리스신화에 나오는 외눈박이 괴물 사이클롭스랄까!"

다윈이 호들갑을 떨며 거북에게 다가가자 거북은 '쉿' 소리를 내며 느릿느릿 자리를 옮겼다. 다윈의 흥분은 계속되었다.

"등딱지 길이만 1.5미터에, 무게는 500킬로그램은 나갈 것 같아요! 단언컨대 이런 거북은 처음입니다. 이 갈라파고스에만 사는 고유종이 틀림없어요!"

다윈은 자리에 앉아 종이와 필기구를 꺼내더니 거북의 모습을 스케치하기 시작했다. 그 사이 지킬과 초연, 정호는 다른 생물들을 찾기 위해 먼저 자리를 떴다. 수풀을 헤치고 좀 더 안으로 들어가자 다양한 새들이 모습을 드러냈다. 그중 종달새 같은 작은 새들이 땅에 앉아 있었다. 몸이 온통 새카맣고 부리는 앵무새처럼 두꺼웠다. 초연이 다가가 새를 손안에 들어 올렸다. 동그란 검은 눈에 초연의 모습이 비쳤다.

"와~ 이 새는 사람을 겁내지 않네요."

지킬이 다가와 초연의 손에 있는 새를 들여다보았다.

"정말이구나. 다윈의 항해기에서 새들을 손으로 직접 잡았다고 했는데 사실이었어."

"왜 새들이 도망가지 않죠?"

"이 섬에 새를 잡아먹는 천적이 없어서 그렇단다. 사람도 처음 보니 위험을 알지 못하는 거지."

"이 새 이름이 뭔데요?"

"핀치새란다. 부리가 두꺼운 걸 보니 '큰땅핀치'야."

정호는 과학 교과서에서 다양한 핀치새의 부리 모양을 본 기억이 났다.

"아, 과학 시간에 배웠어요. 갈라파고스의 핀치새는 여러 종류가 있는데, 먹이의 종류에 따라 부리 모양이 변했다고요."

"그렇지. 이 큰땅핀치는 호두 같은 단단한 열매를 먹기 때문에 부리가 두꺼워진 거란다. 단단한 껍질을 깨려면 부리가 두꺼워야 하니까. 그래, 요즘 중학교에서 그런 내용도 배우는구나?"

"생물 다양성에 대해 배워요. 사람 키가 다양하듯이 핀치새의 부리 두께도 다양한데, 이걸 개체변이라고 한댔어요. 할아버지 말대로 이 섬에 사는 핀치새는 주로 딱딱한 열매를 먹으니까, 두꺼운 부리를 가진 핀치가 살아남을 가능성이 높고, 그래서 점점 부리가 두꺼워진 거예요. 만약 나무의 벌레를 주로 잡아먹는다면, 나무를 뚫기 쉽도록 부리가 점점 뾰족해지겠죠. 이런 식으로 생물이 점점 다양해지는 거라고요."

지킬이 고개를 끄덕이며 말했다.

"그래. 아까 만난 땅거북의 목이 길었지? 선인장을 주로 먹기 때문이란다. 다른 섬에 사는 땅거북은 땅에 난 풀을 먹지. 그럼 목의 길이는 어떻게 될까?"

핀치새에게 푹 빠져 있던 초연이 끼어들었다.

"짧아지겠죠!"

"맞다. 다윈은 특수한 환경에 적합한 특징을 가진 생물이 생존에 더 유리하다고 봤는데, 이걸 '자연선택'이라고 칭했단다."

그때 초연이 수풀을 헤치고 다가오는 다윈을 발견했다.

"엇! 다윈 아저씨가 와요."

다윈이 세 사람에게 물었다.

"내 얘기를 하고 있었나요?"

초연이 손에 핀치새를 든 채로 조심조심 다윈에게 갔다.

"다윈 아저씨, 이거 보세요. 이 새는 손으로 잡아도 날아가지 않았어요."

"오! 귀여운 새구나. 아마 천적을 만난 적이 없어서 그럴 거란다. 이 새를 나에게 다오. 표본으로 채집해야 하거든."

네 사람이 다음에 만난 생물은 갈라파고스 이구아나였다. 바위 위에서 졸고 있는 대형 도마뱀은 길이가 거의 1미터에 이르렀다. 오렌지빛을 띤 두꺼운 가죽은 칼로 찔러도 들어가지 않을 것처럼 튼튼해 보였고, 등을 따라 뾰족한 가시가 솟아 있었다. 다윈은 졸고 있는 이구아나 뒤로 살며시 다가가 꼬리를 잡아끌었다. 이구아나는 머리를 휙 돌려 다윈을 노려보더니 이내 달아났다. 험상궂은 외모와 딴판인 몸짓에 네 사람은 크게 웃었다.

다윈은 며칠간 갈라파고스의 여러 섬들을 옮겨 다니며 연구에 필요한 생물들을 채집했다. 지킬도 과학자로서 갈라파고스 여행에 푹 빠졌기 때문에 불평 한마디 없이 다윈을 열심히 따라다녔다. 하지만 나이 든 몸은 버티지 못하고 저녁때쯤 되면 완전히 깊은 잠에 빠졌다.

계속 즐겁기만 할 것 같았던 갈라파고스 여행에서 정호는 점점 마음 한구석에 찜찜함이 쌓이기 시작했다. 섬에 사는 사람들이나

선원들의 주요 식량 중에는 갈라파고스 땅거북이 있었다. 땅거북은 느려서 잡기 수월한 데다 고기 양이 많이 나와서 사냥 효율이 높았으며, 무엇보다도 고기 맛이 나쁘지 않았기 때문이다.

사실 갈라파고스에 도착한 뒤로 비글호의 식사 질은 매우 높아졌다. 갓 잡은 동물로 만든 스테이크나 스튜, 섬에서 나는 신선한 야채에 섬사람들이 재배하는 고구마까지 더해져 영양소를 골고루 섭취할 수 있었다. 하지만 정호는 오늘만은 음식이 목구멍으로 잘 넘어가지 않았다. 이를 눈치챈 다윈이 물었다.

"정호 군, 오늘은 어째 먹는 것이 시원찮은데 어디 아픈가?"

정호는 식사 직전에 선원들이 갈라파고스 땅거북을 잡는 장면을 눈앞에서 목격한 참이었다. 식량을 어떻게 구하는지 예상은 했지만, 수십 마리의 땅거북을 죽여서 고기를 잘라 내는 장면을 직접 눈으로 보니 완전히 다른 느낌이었다. 정호는 대답 없이 고개를 좌우로 흔들었다. 옆에 앉아 있던 초연이 정호의 등짝을 찰싹 때렸다.

"뭐야? 그렇게 입 다물고 있지 말고 시원하게 말해 봐."

정호는 야속하다는 눈빛으로 초연을 보았다. 지킬은 정호가 그러는 이유를 눈치챘는지 스튜를 한 입 떠먹고는 말했다.

"정호야. 우리는 여기 일에 일절 관여하면 안 된다. 이 시대 사람들이 살아가는 방식을 존중해야 해."

"알아요. 하지만 그렇게 계속 잡았다가는 땅거북이 모두 멸종되고 말 거예요."

지킬이 다윈의 눈치를 살폈지만 다윈은 아무렇지도 않은 듯 고기를 썰어 입에 넣었다.

"정호 군, 갈라파고스에는 땅거북 천지라고. 배 한 척이 땅거북을 700마리씩 잡아 간다네. 그래도 아직 저렇게 많잖아."

"다윈 아저씨는 생물을 연구하잖아요. 거북이와 핀치새, 이구아나가 불쌍하지 않으세요?"

"불쌍하긴 하지만… 연구를 위해서는 어쩔 수 없잖나."

정호가 벌떡 일어섰다.

"이건 연구가 아니라 학살이잖아요!"

정호는 식당 밖으로 뛰쳐나갔다. 갑판에 올라 잔잔한 파도와 밤하늘에 총총히 박힌 별들을 바라보며 마음을 진정했다. 그때 초연이 다가왔다.

"아이씨, 네가 이상한 소리를 해서 나도 거북이 고기를 못 먹겠잖아."

"그런 소리 할 거면 저리 가. 혼자 있고 싶다고."

"야, 그런 게 아니라… 네가 그렇게 화내는 건 처음 봤단 말야."

"다윈 시절에는 땅거북이 이렇게 많았는데 마구 잡아들여서 우리 시대에는 멸종위기종이 된다잖아. 이구아나도 핀치새도 마찬가지고."

"정말? 그러니까 넌 갈라파고스 동물을 구하고 싶은 거구나?"

"맞아. 뭔가 방법이 없을까? 섬사람들의 주요 식량을 거북이 말고 다른 것으로 바꾼다면…"

"그것도 문제지만 다윈 아저씨가 어서 자연선택설을 깨닫게 하는 것도 중요해. 아저씨가 그걸 알아내려고 표본으로 갈라파고스 생물들을 마구 잡아들이고 있잖아."

그때 한 선원이 다가와 둘에게 선실로 들어가라고 했다. 밤에는 필수 경비 임무를 맡은 선원을 제외하고는 갑판에 나와선 안 됐기 때문이다. 둘은 결론을 내리지 못한 채 선실로 들어왔다. 식사를 마친 지킬은 이미 침대에 누워 있었다. 정호는 지킬을 깨우지 않기 위해 조심조심 자기 침대에 누웠다. 하지만 지킬은 아직 잠들지 않았는지 나지막이 말했다.

"정호야. 지금은 1835년이고, 아직 노예제도도 있는 시기란다. 미국 링컨 대통령이 노예해방 선언을 한 게 1863년이니까, 지금으로부터 거의 30년 후의 일이지."

정호는 아무 대답도 하지 않았다. 아니, 대답할 수 없었다.

"찰스 다윈이 쓴 『비글호 여행기』를 보면 이런 대목이 나온단다. 다윈은 어느 날 피츠로이 함장과 심한 말다툼을 하는데, 바로 노예제도 때문이었지. 다윈은 노예제도를 반대하는 사람이었거든."

"그게 땅거북이랑 뭔 상관이에요? 할아버지도 잘 알잖아요? 우리 시대에는 갈라파고스 땅거북은 물론이고 수많은 생물들이 멸종 위기에 처해 있는 걸요."

"알지. 하지만 후대 생물학에 엄청난 영향을 끼친 찰스 다윈의 위대한 연구는 꼭 이루어져야 한다."

"그러니까 우리가 다윈이 얼른 깨닫도록 알려 주면 되잖아요."

조용히 말하던 지킬이 침대에서 몸을 벌떡 일으켰다.

"그건 안 돼! 다윈은 『종의 기원』 외에도 많은 책을 남겼다. 그건 누가 가르쳐 줘서 되는 게 아니야. 다윈 스스로의 사색과 통찰로 이루어져야 한다고. 절대로 지금 다윈의 이론에 개입해서는 안 돼! 그건 땅거북이 멸종하는 것보다 더 심각한 문제라고!"

"알았다고요."

지킬은 열을 내고 나니 힘에 부치는지 다시 자리에 털썩 누웠다. 그리고 중얼거리듯 말했다.

"정호 너, 도도새라고 아니?"

"아뇨."

"도도새는 아프리카 모리셔스에 살았던 새야. 칠면조보다 큰데 날지 못해서 선원들이 주요 식량으로 삼았지. 이 새는 1681년에 멸종했단다."

"무슨 말을 하고 싶으신 거예요? 할아버지?"

지킬의 대답 대신 '크엉' 하고 코 고는 소리가 들려왔다. 정호는 잠이 오지 않았다. 머릿속에 지킬의 말들이 조각조각 떠다녔다. 노예제도, 도도새 멸종, 땅거북 멸종 위기…. 혹시 노예제를 반대하는 다윈이라면 인간 이외의 생명도 소중하게 생각하지 않을까?

초연이 정호를 흔들어 깨웠다. 늦게까지 잠을 설친 정호가 힘겹게 눈을 떴다.

"정호야! 내가 꿈에서 좋은 생각이 떠올랐어."

"아침부터 무슨 소리야?"

"이 섬에는 멧돼지도 많이 살고 있잖아. 섬사람들에게 삼겹살의 맛을 알려 주는 게 어때? 고기를 아예 먹지 못하게 할 순 없겠지만 거북이를 덜 잡을 수는 있잖아."

정호는 초연의 제안에 지킬의 눈치를 슬쩍 보았다. 하회탈 얼굴을 하고 있었다.

"걱정 마. 오늘은 착한 지킬 할아버지니까. 방해자는 없어."

"좋아. 하지만 다윈 아저씨를 설득하는 게 먼저야."

셋은 식당으로 갔다. 오늘 아침 메뉴는 생선 수프와 고구마, 몇 가지 종류의 야채와 과일이었다. 정호는 안심하고 음식을 받아 다윈이 혼자 앉아 있는 식탁으로 갔다.

"아저씨, 어젠 죄송했어요. 제가 너무 흥분했어요."

"괜찮네. 자네가 동물을 사랑하는 마음이 충분히 전해졌어."

지킬과 초연도 자리를 잡고 앉았다.

"지킬 박사님은 오늘 어떠세요? 내륙 깊은 곳에 가 보려고 하는데 같이 가실래요?"

"우히히, 난 몰러."

"오늘은 못 가실 것 같네요."

"그렇구나. 지킬 박사님의 과학 수준이 대단해서 같이 이야기하면 즐거웠는데 말이야."

정호는 분위기가 부드러워진 틈을 타 이야기를 꺼냈다.

"아저씨, 도도새를 아세요?"

"알고말고. 아프리카 모리셔스섬에 살던 고유종 새였단다. 나도

표본으로만 봤는데 멸종되어 아쉽구나."

"도도새가 왜 멸종됐나요?"

"1500년대 포르투갈 선원들이 항해를 하는 중간에 늘 모리셔스 섬에서 며칠 쉬어 가곤 했어. 그 섬에는 다른 포유류가 없어서 도도새를 주요 식량으로 삼았지. 그래서 결국 멸종하고 말았단다."

다윈이 스푼을 수프 접시에 내려놓고 잠시 말을 멈췄다. 사라진 도도새를 아쉬워하는 것 같았다.

"하나의 생물이 멸종되는 것은 너무 안타까운 일이죠?"

"물론이지."

"아저씨, 도도새를 식량으로 삼은 선원들은 도도새가 멸종된다는 걸 상상이나 했을까요?"

다윈이 고개를 들어 정호의 눈을 바라봤다. 정호의 말뜻을 단번에 알아챈 것 같았다. 하지만 지금 갈라파고스에 수만 마리나 살고 있는 땅거북이 멸종된다는 사실을 여전히 믿기 어려울 것이다.

"우히히, 갈라파고스 땅거북, 이구아나, 멸종위기종."

지킬의 말에 다윈이 마음을 정한 듯 말했다.

"얘들아. 섬사람들이 땅거북을 주식으로 먹는데, 어떻게 하면 좋겠니?"

기다렸다는 듯 초연이 자리에서 일어섰다.

"그건 우리에게 맡기세요. 아저씨는 멧돼지 한 마리만 사냥해 주면 돼요."

다윈은 요리사 선원에게 부탁해 멧돼지 고기를 준비했다. 초연과 정호는 불판으로 쓸 넓적한 돌을 구해 바닷물에 깨끗이 씻었다. 그리고 점심시간에 맞춰 마을 입구에서 삼겹살을 굽기 시작했다. 뜨거운 돌판 위에서 연기를 내며 삼겹살이 지글지글 구워졌다.

"초연 양. 살코기를 놔두고 왜 하필 비계가 많은 부위를 굽지?"

삼겹살이 구워지는 모습을 본 지킬이 말했다.

"우히히, 삼겹살 최고."

"일단 드셔 보세요. 다윈 아저씨도 반할 거예요."

정호는 삼겹살이 구워지자 배추와 비슷한 쌈 채소 위에 얹고 소금과 후추를 조금 뿌렸다. 그리고 그것을 잘 오므려 다윈에게 내밀었다.

"다윈 아저씨, 아~ 해 보세요."

다윈은 못 미더운 눈치였지만 입을 벌렸다. 정호는 삼겹살 쌈을 다윈의 입에 넣었다. 쌈을 씹을수록 다윈의 큰 눈이 더 커졌다.

"오, 신선한 채소와 기름진 고기가 잘 어울리는구나. 여기에 위스키 한잔 곁들이면 최고겠는걸."

"맞아요. 대한민국 어른들은 삼겹살에 소주라는 술을 마셔요."

"우히히, 나도 줘."

그렇게 삼겹살 파티를 벌이고 있는 마을 입구로 사람들이 하나 둘 모이기 시작했다. 아까부터 초연이 부채질을 해서 냄새를 퍼뜨렸기 때문이다. 초연은 사람들에게 소리쳤다.

"어서 드셔들 보세요! 거북이 고기는 이제 맛없어서 못 먹을 거라니까요."

갈라파고스 마을 사람들이 하나둘 삼겹살 쌈을 먹기 시작했다. 다들 처음 보는 맛에 감탄했다. 이제 섬사람들의 머릿속에 거북이 고기 말고도 멧돼지 고기라는 선택지가 하나 더 늘어났으니, 거북이 수가 전처럼 급격히 줄어들지는 않을 것이다.

감탄한 다윈이 초연과 정호에게 말했다.

"너희 정말 멋지구나. 거북을 위해 이런 생각을 해내다니."

"뭐, 기본입죠."

"아무튼 다윈 아저씨, 갈라파고스에서의 연구는 거의 마무리됐나요?"

다윈의 표정이 다시 무거워졌다.

"핀치새의 다양한 부리 모양을 보건대, 이 새는 남아메리카에서 한 종이 넘어와 다양한 종류로 변한 거야. 하지만 왜 이렇게 변한 건지 밝혀지지 않았단다. 그 이유를 모른다면 연구가 마무리됐다고 할 수 없어."

"그럼 섬에 남아 계속 표본을 잡아야 하나요?"

"하하, 그건 걱정 말거라. 나도 너희 덕에 깨달은 것이 있어. 표본은 되도록 적게 잡고, 대신 그림을 그려서 연구하려고 한단다."

다행히도 초연과 정호가 의도한 방향대로 흘러가는 듯했다. 다윈이 연구를 아직 완수하지 못한 것은 안타깝지만 지킬이 역사에 관여하면 안 된다고 했으니 참견하지 말아야 했다.

"우히히, 먹이."

지킬의 중얼거림에 다윈의 눈이 커졌다.

"지킬 박사님, 지금 뭐라고 하셨어요?"

"우히히, 나도 몰러."

"지금 '먹이'라고 하셨잖아요."

뭔가 더 말하려는 지킬의 입을 정호가 서둘러 막았다.

"다윈 아저씨, 지금 할아버지는 오락가락하는 상태잖아요. 아무 생각 없이 말한 거예요."

하지만 다윈은 뭔가 깨달은 듯 중얼거리며 손가락을 튕겼다.

"생명체와 환경의 관계를 알 것 같아."

다윈은 깨달음을 이어 가기 위해 보트를 타고 서둘러 비글호로 돌아갔다. 초연이 지킬을 보며 고개를 흔들었다.

"역시 착한 지킬 할아버지는 다윈 아저씨가 불쌍했던 거야. 지킬 할아버지 인격은 완전히 선과 악으로 나뉜 거라고. 그치, 정호야?"

정호는 대답하지 않고 어젯밤 하이드였던 지킬의 말을 떠올렸다. 그가 정말 악당이라면 도도새 멸종이나 다윈의 노예제 반대에 대해 왜 굳이 알려 줬을까?

"우와! 타임머신 에너지가 채워졌다."

초연이 지킬의 목에서 목걸이를 꺼내며 말했다. 정말로 수정이 녹색 빛으로 가득 차 있었다.

"지킬 할아버지. 어서 가요. 이제는 대한민국으로 돌아가요."

"우히히, 돌아가자."

"이번엔 똑바로 하셔야 해요. 대한민국이에요."

"우히히, 타임머신 발동~"

녹색 빛과 함께 무지개가 펼쳐지며 시공간이 일그러졌다.

3 장

침팬지를 사랑한
제인 구달

　온통 아름드리나무로 빽빽한 숲속이었다. 각종 동물들의 끽끽 소리가 메아리쳐 울렸고, 사방의 풀숲에서 벌레들이 불안한 울음소리를 냈다. 초연이 가장 먼저 주변을 둘러보고는 소리쳤다.

　"으악! 여기는 정글이잖아. 이번에는 정글로 왔다고!"

　뒤편에서 지킬이 일어나 뒷짐을 지고는 주위를 살폈다.

　"이번 이동도 실팬가 보군."

　초연이 지킬에게 달려왔다. 지킬의 날카로운 눈매와 차분한 말투로 볼 때 지금은 하이드 인격인 것 같았다.

　"할아버지! 도대체 어떻게 된 거예요!"

　"초연아. 나라면 여기서 그렇게 큰 소리를 치진 않을 거야."

"여긴 정글이라고요. 어떻게 흥분하지 않을 수 있나요?"

"그러니까 더 신중해야지."

그때 옆에서 둘을 지켜보던 정호가 소리쳤다.

"초연아! 할아버지! 뱀이에요. 머리 위에 있어요. 어서 도망가요."

지킬과 초연이 위를 올려다보았다. 초록색 얼굴에 붉은 눈을 가진 뱀이 굵은 나뭇가지를 돌돌 감은 채 둘을 노려보고 있었다. 뱀이 두 갈래의 혓바닥을 날름 내밀자 초연은 기겁해 도망가기 시작했다.

"으악~ 뱀이다!"

"어이쿠!"

초연은 무작정 숲속으로 뛰어 들어갔고, 정호는 지킬을 부축해 서둘러 따라갔다. 초연이 보이지 않자 정호는 최대한 목에 힘을 빼고 부드러운 목소리로 초연을 불렀다.

"초연아, 어딨어?"

"여기야. 여기!"

소리를 따라 시선을 돌리자 커다란 통나무 속에 숨은 초연이 보였다. 만화에서나 보던 장면이었다. 잘린 통나무의 안쪽이 비어 있어 몸을 구부려 들어갈 수 있었다. 지킬과 정호도 몸을 최대한 웅크려 초연과 함께 숨었다.

"아이고야. 다 늙어서 이런 고생을 하는구나."

초연이 지킬에게 원망이 담긴 목소리로 말했다.

"타임머신은 할아버지가 만들었잖아요. 정확한 사용법을 모르시는 거예요?"

"몰라! 나도 제작에 참여하긴 했지만, 많은 과학자들의 도움이 있었다고. 너희가 만나는 바보 영감탱이도 한몫했지."

"할아버지는 그 바보랑 같은 사람이잖아요. 어떻게 모를 수 있어요? 혹시 일부러 그러시는 거 아니에요?"

"내가 다 죽게 생긴 늙은 몸으로 일부러 이런 모험을 한다고?"

"도대체 이제 어떡하잔 말이냐고요!"

정호는 주위를 둘러보고는 초연에게 말했다.

"초연아. 일단 진정해. 뱀의 위험은 벗어난 것 같지만 여긴 위험한 동물이 많은 정글이잖아."

"넌 어떻게 이런 상황에 진정할 수 있는 거니?"

"나라도 진정해야지. 앞서 두 번의 여행으로 타임머신의 규칙을 찾은 것 같아."

지킬과 초연이 희망에 찬 눈빛으로 정호를 바라봤다.

"우리가 만난 사람들은 둘 다 역사적으로 위대한 과학자야. 루

이 파스퇴르는 생물속생설과 백신을 처음 개발한 학자고, 찰스 다윈은 말할 것도 없이 엄청난 과학자라고 지킬 할아버지가 말씀하셨죠?"

"그렇단다. 상대성이론의 창시자 아인슈타인도 한 수 접고 가야 할 정도랄까. 다윈의 이론으로 말할 것 같으면…"

초연이 지킬의 말을 끊었다.

"할아버지. 지금은 정호의 말을 들어 보자고요."

"이런 고얀 놈!"

"할아버지, 고정하세요. 우리는 타임머신을 타고 두 명의 유명한 과학자를 만났어요. 그렇다면 우리가 왜 밀림으로 들어왔을까요?"

지킬의 날카로운 눈동자가 좌우로 빠르게 움직였다.

"네 말인즉슨 여기 정글에도 위대한 과학자가 있다는 말이지?"

"그렇죠. 과학자를 알아보는 것은 할아버지 특기 아닌가요?"

"그렇지…."

지킬은 잔뜩 몸을 웅크린 채 턱을 괴고 생각에 잠겼다.

"정글에서 활동한 과학자는 떠오르지 않는걸."

"우리는 어서 여기 있는 과학자를 만나야 해요. 그래야 다시 타임머신을 사용할 수 있어요."

초연이 웅크린 자세로 엄지를 치켜세웠다.

"정호 네 말이 맞는 거 같아."

그때 초연은 누군가 뒤에서 등을 톡톡 두드리는 기척을 느꼈다.

"누구야? 지킬 할아버지예요?"

"난 네 앞에 있다고. 네 등 뒤엔 사람이 없어."

초연이 불편한 자세로 고개를 겨우 돌렸다. 초연의 등에 작은 도마뱀이 앉아 있었다.

"으악!"

초연의 괴성에 놀란 도마뱀이 떨어져 나가고 지킬과 정호까지 덩달아 통나무에서 빠져나왔다. 초연은 아까 뱀을 봤을 때처럼 빠르게 숲속으로 도망갔다.

"초연아, 같이 가!"

그렇게 얼마간 숲속을 달리자 작은 공터가 나타났다. 거기에는 여자 한 명이 서 있었다. 긴 금발 머리를 하나로 묶은 여자는 녹색 셔츠와 베이지색 반바지를 입고 있었고, 손에는 노트가 들려 있었다. 여자도 지킬 일행을 보고 놀란 것은 마찬가지였다. 정호가 지킬에게 물었다.

"지킬 할아버지. 저 사람도 과학자인가요?"

지킬은 아직도 두 손으로 무릎을 짚은 채 숨을 고르고 있었다.

"헉헉, 그런 것 같다. 저 젊은 얼굴 말고 나이 든 얼굴을 더 많이 봤지. 침팬지 연구가 제인 구달이란다."

제인 구달이 셋에게 다가왔다. 처음의 놀람과 달리, 밀림에서 사람을 만나 반가운 기색이었다.

"누구세요? 너희는 누구니? 이 깊은 밀림까지 어떻게 왔어?"

초연은 이제 세 번째 과학자를 만나니 처음 대화를 어떻게 풀어야 할지 감이 잡혔다.

"침팬지의 대가 구달 언니, 맞으시죠?"

"내가 침팬지 연구를 시작한 건 2년밖에 안 됐는데 대가라니?"

이번에는 정호가 나섰다.

"누나의 침팬지 논문을 읽었어요."

"난 논문을 발표한 적이 없는데?"

정호도 실패. 지킬이 나섰다.

"에헴. 구달 박사. 그러니까 말이오⋯."

"전 박사가 아니에요. 집안이 어려워 대학도 나오지 못했는데요, 하하."

모두 난감해하자 구달이 함박웃음을 지었다.

"리키 박사님께 들었겠죠? 아무럼 어때요? 반가워요. 여기는 곰베입니다. 저는 제인 구달이고요. 환영합니다. 제 연구소로 여러분을 초대하겠습니다."

시원하게 앞장서는 구달을 뒤따라가며 지킬은 초연과 정호에게 구달에 대해 설명해 주었다. 구달은 본래 과학을 전공한 사람이 아니었다. 친구 초대로 케냐에 갔다가 저명한 인류학자인 리키 박사를 만나 침팬지 연구를 시작하게 된 것이다. 1960년부터 탄자니아의 곰베 침팬지 보호구역에서 10년 넘게 침팬지를 연구한 결과, 침팬지의 다양한 행동들에 대한 사실을 발견해 냈다. 1965년에는 그 공로를 인정받아 케임브리지대학에서 박사 학위를 받았다. 지킬의 설명을 듣던 정호가 대꾸했다.

"그렇다면 지금 시대는 1965년 이전이라는 얘기군요."

앞서가던 구달이 멈춰 뒤를 돌더니 두 손을 번쩍 들었다.

"여러분, 드디어 도착했습니다."

그러나 그곳에는 텐트가 하나 세워져 있을 뿐이었다. 연구를 하기에는 열악해 보였다.

"여기가 바로 구달 연구소예요."

구달은 낡은 버너에 물을 끓여 지킬에게는 커피를, 초연과 정호에게는 코코아를 타 주었다.

"감사하오, 구달 박사."

"저는 박사가 아니래도요. 그냥 구달이라고 부르세요."

"대가에게 그럴 순 없지. 그럼 '구달 연구원'은 어떻소?"

"할 수 없죠."

구달은 두 손으로 컵을 감싸 커피를 한 모금 마시고는 열린 문 바깥의 숲속을 건너다보았다.

"6개월이라는 시간이 걸렸지만 전 이 숲의 침팬지들과 친해졌어요. 오늘 새로운 손님들을 보니 놀라서 숲속에 숨어 버렸나 봐요."

열악한 연구 환경에도 구달의 얼굴에는 미소가 가득했다. 젊은 여성 홀로 정글에서 침팬지 연구를 하다니… 초연은 구달에게 존경심이 솟아났다.

"구달 언니는 여기서 혼자 지내는 거예요?"

"그렇단다. 탄자니아 사람들이 식료품을 가지고 한 달에 한 번 들어오긴 하지만 말이야."

"그렇게 오래 혼자? 정글이 안 무서워요?"

"친구들이 있잖아. 침팬지는 내 친구란다."

"근데 침팬지는 원숭이랑 다른 거예요?"

"하하, 그럼. 간단하게는 꼬리를 보면 알 수 있어. 침팬지는 꼬리가 없고 원숭이는 꼬리가 있단다. 꼬리가 없는 침팬지, 오랑우탄, 고릴라, 그리고 사람을 유인원이라고 하지."

갑자기 구달이 숲속의 한 나무를 손가락으로 가리켰다.

"얘들아. 저기 봐라."

구달이 가리킨 나무 뒤로 커다란 침팬지 한 마리가 몸을 숨겼다 드러냈다 하고 있었다.

"데이비드란다. 호기심이 아주 강한 녀석이야. 내가 처음 여기 왔을 때 가장 먼저 친해졌지. 나한테 와서 매일 바나나를 얻어 간단다, 하하하."

"침팬지마다 이름이 있어요?"

"내가 이름을 지어 줬지. 정글 밖의 사람들은 아직 모르지만 침팬지도 우리 인간처럼 도구를 사용한단다. 나뭇가지를 흰개미 구멍에 넣어 낚시하듯이 개미를 잡아먹지. 대단하지 않니?"

초연과 정호는 동물 다큐멘터리를 흔하게 보아 왔기 때문에 침팬지가 지능이 높고 학습 능력이 있다는 것쯤은 알고 있었다. 하지만 지킬이 티 내지 말라는 눈짓을 보냈다.

"그렇군요. 너무 신기하네요. 더 얘기해 주세요."

"네 이름이 윤초연이라고 했니? 몇 살이야?"

"네, 중학교 2학년, 아, 아니 열다섯 살이에요."

"그래, 한창 궁금한 게 많을 때구나. 우리 인간들은 인간만이 도구를 쓰고, 생각을 하고, 사회를 형성한다고 믿지만 그건 오산이

란다. 침팬지도 사회를 만들어 생활하고 있거든. 여기 곰베 숲에는 50여 마리 침팬지가 있는데 인간 사회처럼 서열이 있어."

"오, 그래요?"

"그래, 우두머리 이름은 골리앗, 이인자는 제이비란다. 암컷들도 서열이 있지만 수컷보다는 약하게 나타나고, 올리가 그중 가장 아래란다."

"참 잔인하네요. 침팬지 사회에서도 서열이 정해져 있다니 말이에요."

구달은 안타까워하는 초연을 미소 띤 얼굴로 바라봤다.

"언뜻 생각하면 안타까울 수 있지만, 오히려 무리의 안정에는 도움이 된단다. 만약 서열이 없어서 먹이를 가지고 매일 싸운다면 괜한 부상을 입을 테니까. 서열이 높은 수컷들은 다른 무리들로부터 가족을 지킬 수도 있고 말이야."

"아, 그것까지는 생각 못했네요."

"침팬지가 끙끙거리거나 낑낑거리는 소리 들어 본 적 있니? 거기에도 전부 의미가 있거든."

"에이, 설마요."

"난 현재까지 서른네 가지 다른 의미의 소리를 확인했어. 침팬지들은 그뿐 아니라 울음소리, 자세, 다양한 표정으로도 대화를 한단다."

"아하, 맞아요! 털 고르기를 해 주고, 입술을 뒤집거나 하더라고
요."

아직 밖으로 발표하지 않은 정보가 초연의 입에서 나오자 구달
은 깜짝 놀랐다.

"초연이 네가 그걸 어떻게 아니?"

"앗! 그게…"

초연을 위기에서 구해 준 것은 의외로 지킬이었다.

"구달 연구원. 내 초면에 이런 말을 하기는 그렇지만, 당신 연구
에는 문제가 있소."

"뭐죠?"

"침팬지에게 이름을 붙이는 것부터 문제요."

"그게 왜 문제죠? 전 침팬지들을 친근하게 대하고 싶어요."

"당신이 붙인 이름 중에 골리앗을 예로 들어 보겠소. 골리앗은
성경에 나오는 덩치가 큰 장수잖소? 누구라도 이름을 듣고 해당
침팬지에 대한 편견을 가지게 되오. 정확한 연구를 위해서는 1번
침팬지, 2번 침팬지 이렇게 불러야 하지."

"하지만…"

"그리고 구달 연구원, 침팬지에게 바나나를 주었다고 했는데,

동물 연구에 인간이 개입해서는 안 되오. 당신이 침팬지의 도구 사용을 세상에 발표한다 한들 당신의 개입으로 이루어졌다고 생각할 것이란 말이오."

구달은 지킬의 말에 풀이 죽은 듯했다. 하지만 냉정한 지킬은 거기서 멈추지 않고 더욱 날카로운 말을 쏟아냈다.

"구달 연구원도 잘 알잖소? 사자에게 잡아먹히는 사슴이 불쌍하다고 인간이 구해서는 안 된다는 걸."

"그건 알고 있어요. 혼자 생각 좀 해 봐야겠어요. 일단 편히 쉬고 계세요."

쓸쓸히 저편으로 걸어가는 구달의 뒷모습에 초연은 안타까움을 느꼈다.

"할아버지, 이렇게 구달 언니의 기를 꺾어서야 되겠어요? 그리고 과학자들 연구에 개입하면 안 된다는 사람이 누구였죠?"

"네가 침팬지 털 고르기를 먼저 말했잖아. 내가 말한 동물 연구 주의사항은 구달 연구원도 곧 알게 된단 말이다!"

정호가 둘 사이에 끼어들었다.

"왜들 그러세요. 우리는 한 팀이잖아요."

정호의 말에 지킬과 초연이 동시에 소리쳤다.

"누가 팀이얏!"

정호는 둘의 기세에 놀라 기어들어가는 목소리로 말했다.

"호흡이 잘 맞네요, 뭐."

정글에서 하룻밤을 보내고 나자, 구달의 연구를 돕는 탄자니아 사람들이 왔다. 그들은 신선한 식재료와 오래 두고 먹을 수 있는 통조림 같은 음식, 바깥에서 구달의 연구를 지원하고 있는 리키 박사의 편지를 가져다주었다.

구달은 그동안 연구했던 침팬지의 도구와 언어 사용 등을 리키 박사에게 보고해 왔다. 리키 박사는 나이로비의 국립자연사박물관 관장으로서 구달을 조수로 채용하고, 구달이 침팬지 연구를 하도록 지원금을 확보해 준 스승 같은 인물이었다. 정글에 있는 구달 대신 리키 박사가 구달의 연구 자료를 과학자들에게 보고하고 그 결과를 편지로 보내 주는 것이다.

구달은 아침 식사를 준비해 놓고, 여행에 지쳐 곯아떨어진 세 사람을 깨웠다.

"모두 일어나세요! 정글의 모든 동물들이 깨어났답니다!"

지킬이 아침부터 활달한 구달을 보며 말했다.

"우히히, 침팬지를 사랑한 제인 구달."

"박사님, 오늘은 어딘가 다른 것 같은데요?"

"우히히, 침팬지의 어머니 제인 구달."

"박사님?"

정호가 눈을 비비며 서둘러 일어났다.

"구달 누나, 안녕히 주무셨어요? 사실 할아버지는 정신이 맑았다 흐렸다 하세요."

구달이 안타까운 눈으로 지킬을 바라봤다. 그러거나 말거나 지킬은 정글의 나무에 매달린 침팬지들을 손가락으로 가리켰다.

"우히히, 침팬지의 DNA, 인간과 99% 일치."

"앗, 지킬 박사님, DNA를 아세요?"

"우히히, 디옥시리보오스(Deoxyribose) 뉴클레익(Nucleic) 에시드(Acid)."

"맞아요, 줄여서 DNA! 지킬 박사님도 혹시 침팬지 DNA를 연구하세요?"

정호가 둘 사이에 끼어들었다.

"구달 누나. 할아버지는 가끔 인지능력이 떨어진다니까요."

"정호 군, 아니야. 지금 DNA가 무엇의 약자인지 정확히 말씀하셨어."

"우히히, 배고프다."

뒤늦게 일어난 초연이 신선한 재료로 차려진 음식을 보았다.

"우와~ 오늘은 통조림이 아니네요. 식재료를 가지고 왔군요?"

구달도 더 이상 지킬에 대해 캐묻지 않고 식탁 앞으로 갔다.

"자, 그럼 먼저 식사를 하죠. 모처럼 신선한 음식이니까요."

네 사람은 식사를 시작했다. 메뉴는 부드러운 빵, 고기 수프, 그리고 샐러드였다. 하지만 구달은 입맛이 없는지 식사를 빨리 끝내고 김이 피어오르는 커피를 후식으로 마셨다. 그러면서 셋에게 리키 박사가 보내온 편지를 내보이며 설명해 주었다. 구달의 연구에 대한 과학자들의 의견 모음이었는데, 놀랍게도 지킬이 어제 지적한 내용과 거의 같았다. 침팬지에게 이름을 붙이는 등 연구자의 개입으로 연구 결과가 훼손되었다는 것이었다. 어깨가 축 늘어진 구달을 초연이 위로했다.

"구달 언니만 좋으면 됐죠. 남들이 뭐라 하든지 언니의 의견대로 연구하세요."

"고맙다. 하지만…"

구달은 금방이라도 울 것 같은 표정이었다.

"지금처럼 연구한다면 연구비 지원을 끊겠대. 연구비가 없다면 정글에서 자급자족하는 수밖에 없지."

"아, 그건 큰일이네요."

그때였다. 숲속에서 끽끽대는 소리가 들려왔다. 네 사람은 급히 텐트 밖으로 나와서 밖을 살폈다. 침팬지들이 나무 위를 이리저리 옮겨다녀 나무가 마구 흔들렸고, 바닥에서도 울며 뛰어다니는 걸 보니 뭔가 큰일이 난 것 같았다. 구달이 초조해하며 말했다.

"저건 골리앗 울음소리인데? 싸움이 났나 봐. 어서 모두 텐트 안으로 들어가자!"

수컷 침팬지들은 소리치며 나뭇가지를 바닥에 끌고 다니거나 텐트 근처의 드럼통을 굴리며 큰 소리를 냈다.

"수컷들이 힘을 과시하는 거야. 제발 과시로만 끝나면 좋겠는데… 침팬지들은 힘이 굉장히 세기 때문에 쉽게 다른 침팬지를 죽일 수 있단다."

구달의 표정에 진한 안타까움이 묻어났다.

"구달 언니는 침팬지의 죽음을 많이 보셨군요."

"그래. 침팬지 사회라고 평화롭기만 한 게 아니야. 인간처럼 잔인한 전쟁을 치르기도 한단다. 하지만 내가 나서 말릴 수는 없지. 나의 힘으로는 구할 수도 없고, 어제 지킬 박사님이 말한 것처럼 인간이 동물사회에 개입해서는 안 된다는 규칙이 있거든."

잠시 후 텐트 바로 앞에서 애처롭게 끽끽대는 소리가 들렸다.

구달이 문을 살짝 젖히자 한 침팬지가 두 마리의 새끼를 안고 텐트 앞에 서 있는 모습이 보였다. 침팬지는 당황한 표정으로 끽끽 울었다.

"암컷 침팬지 플로야. 아이들은 피피와 플린트고!"

플로는 새끼 수컷 플린트를 텐트 안으로 밀었다. 어린 플린트는 팔에 상처가 있었고, 눈동자에는 공포가 가득했다. 플로는 긴 팔을 휘저으며 구달에게 뭔가를 갈구하는 듯한 몸짓을 보였다. 그 모습에 구달이 머리를 쥐어뜯으며 말했다.

"어쩌면 좋아. 플린트가 골리앗에게 뭔가 잘못을 저질렀나 봐."

뒤쪽 숲에서 한 수컷이 이쪽을 향해 달려오는 것을 발견한 정호가 다급히 소리쳤다.

"구달 누나! 들켰어요. 수컷 침팬지가 곧 올 거예요."

초연이 말했다.

"어떡해요? 어서 새끼 침팬지부터 구해요."

구달은 초연의 말에 플린트 쪽으로 손을 내밀었다. 플로는 플린트를 구달에게 건네고는 피피를 데리고 자리를 피했다. 이쪽으로 달려오던 골리앗은 방향을 바꿔 플로를 따라갔다. 구달이 플린트를 아기처럼 품에 안고 텐트 안으로 들어왔다.

"아이고, 이 불쌍한 것. 초연아, 저기 책상 위에서 구급함을 좀 가져다줘."

구달은 구급함에서 소독약을 꺼내 새끼 침팬지의 팔을 치료했다. 플린트는 아파서 낑낑 소리를 냈지만 구달이 자신을 위한다는 것을 아는지 몸부림치지 않고 잘 참았다.

"플린트, 이것아. 무슨 잘못을 한 거니? 밖이 잠잠해질 때까지 여기서 조용히 기다리자?"

다행히 텐트 밖의 소란도 점점 진정되는 것 같았다.

"우히히, 아기 침팬지야, 바나나 먹자."

뒤에서 지킬이 바나나를 흔들었다. 플린트는 배가 고픈지 바나나를 들고 있는 지킬에게 다가가 선뜻 무릎에 앉았다. 지킬이 바나나를 까서 플린트 입에 가져다 대자 플린트가 한 입 깨물었다. 작은 볼이 불룩해졌다. 지킬은 자신도 바나나를 한 입 베어 물었다.

"우히히, 맛있는 바나나."

"할아버지! 침팬지가 먹던 것을 먹으면 어떡해요?"

"우히히, 맛있는 바나나. 너도 먹어!"

지킬은 또다시 플린트에게 한 입 먹이고는 초연의 얼굴에 바나나를 들이밀었다.

"우웩!"

그 모습을 지켜보던 구달이 크게 웃었다.

"하하하, 지킬 박사님은 두 얼굴의 사나이 같구나. 어제는 스승님처럼 연구를 꾸짖더니 오늘은 아이처럼 침팬지랑 놀고 있네."

초연이 구달에게 다가와 속삭였다.

"그렇죠? 지킬 박사와 하이드가 딱이라니까요."

"오~ 영국의 유명한 소설인데 잘 알고 있구나?"

"맞아요. 지금은 성격 좋은 지킬 박사지만 언제 하이드가 튀어나와 화를 낼지 몰라요."

"하하하, 그래도 하이드 박사님이 틀린 말을 하진 않던걸."

웃으며 이야기를 주고받는 사이에, 곰베의 숲속도 점차 안정을 찾아갔다. 텐트 밖으로 머리를 빼고 바깥을 살피던 정호가 돌아와 말했다.

"구달 누나. 엄마 침팬지가 다시 왔어요."

"그래? 이제 엄마에게 플린트를 돌려주자꾸나."

밖에 나가자 엄마 침팬지 플로와 누나 피피가 서 있었다. 플린트는 엄마에게 달려가 가슴에 매달렸다. 플로는 플린트를 꼭 안고는 구달에게 다가와 손을 내밀었다.

"어머, 플로."

구달이 마주 손을 내밀자 플로는 구달의 손을 쥐었다 놓고는 새끼들을 데리고 다시 숲속으로 돌아갔다. 구달이 지킬 일행을 돌아보며 떨리는 목소리로 말했다.

"내가 어떻게 침팬지들을 사랑하지 않을 수 있겠니?"

정글에서 며칠을 지냈을 무렵, 새벽녘 곰베의 침팬지 숲에 총성이 울렸다. 구달과 지킬 일행이 놀라 밖으로 나가 보니 총을 든 군인들이 텐트를 둘러싸고 있었다. 구달이 작게 속삭였다.

"게릴라 무장 단체야. 우선 시키는 대로 하자."

군인들은 네 사람을 밧줄로 묶어 자신들의 숲속 아지트로 데려갔다. 영화 속 한 장면처럼 을씨년스러운 목조건물 안에 두 남자가 기다리고 있었다. 한 남자는 새카만 선글라스를 끼고 있었고, 가슴에는 훈장들이 가득 달려 있었다. 나이로 보나 위엄으로 보나 그가 대장인 듯했고, 다른 한 명도 가슴에 훈장이 몇 개 달려 있는 걸로 봐서 꽤 높은 직책인 것 같았다. 그가 걸걸한 목소리로 윽박질렀다.

"모두 무릎 꿇어!"

초연이 들릴 듯 말 듯 신경질을 내자 정호가 어깨를 부딪쳐 말렸다. 지킬은 지킬인지 하이드인지 알 수 없는 상태로 끌려와 골

골대며 겨우 무릎을 꿇었다. 대장이 일행의 앞을 왔다 갔다 하며 그들을 관찰했다. 나무 바닥을 끼익끼익 울리는 구둣발 소리와 높은 습도 때문에 숨이 막힐 듯한 긴장감이 흘렀다. 대장은 뒤쪽 나무 의자에 앉더니 천천히 입을 열었다.

"제인 구달. 곰베 숲에서 침팬지를 연구하는 영국 여자 연구원."

"그래요. 알면서 우리를 왜 데리고 왔나요? 침팬지 연구는 당국에서 허락했다고요."

대장은 턱으로 지킬 일행 쪽을 가리켰다.

"저들은 허가를 받지 않은 것 같은데."

"이분들은… 그러니까 침팬지 연구에…"

구달도 뭐라 할 말이 없었다. 대장은 한 손을 들어 구달의 말을 끊었다.

"내가 직접 물어보지."

대장은 손가락으로 지킬을 가리켰다.

"당신은 어느 나라에서 온 누구요?"

"우리는 동양의 대한민국에서 온 사람들이오."

다행히 지킬은 지금 하이드 상태였다. 대장은 약간 떨어져 서 있는 남자에게 물었다.

"부대장. 대한민국이란 나라를 들어 봤나?"

부대장이 가까이 다가와 허리를 숙이고 대답했다.

"대장님. 생전 처음 들어 봅니다. 이러지 말고 제게 맡겨 주십시오. 제가 바로 불게 만들 겁니다."

1960년대의 대한민국은 먹고살기도 힘든 작고 가난한 나라일 터이니, 아프리카의 군인들이 모르는 것도 무리가 아니었다.

"잠시 기다려라. 폭력은 최후의 방법이야."

"하지만 저 듣도 보도 못한 동양 놈들이 범인인 게 확실하지 않습니까?"

부대장은 점점 흥분한 기색을 보였지만 대장은 의자에 앉은 채 흔들림이 없었다.

"자, 제인 구달 씨, 우리가 독립을 위해 싸우는 것은 알고 있죠?"

"복잡한 상황은 모르지만요."

현재의 탄자니아는 1964년 탕가니카와 잔지바르가 통합된 나라로, 그 전까지 두 곳은 각각 영국의 식민지였다.

"본론부터 말하지. 우리는 투쟁 자금으로 금괴 200킬로그램을 보관하고 있었소. 그런데 그 금괴가 하룻밤 사이에 감쪽같이 없어졌단 말이지. 우리의 독립을 위한 중요한 자금이 말이야."

"우리는 범인이 아니에요."

구달이 말했지만 대장의 선글라스 속 눈동자는 지킬 쪽으로 향

했다.

"제인 구달 씨, 당신을 수년간 보아 왔으니 결백을 믿소. 하지만 저들은 다르지. 구달 씨도 저들이 왜 당신에게 왔는지 모르잖소."

대장의 말에 구달은 지킬과 초연, 정호를 바라봤다.

"아니에요. 이들은 절대로 아니에요."

구달은 단 며칠이었지만 초연과 정호가 자신과 마찬가지로 동물을 사랑하는 따뜻한 인간들이라는 걸 느꼈다. 그리고 지킬 역시 정신 상태가 왔다 갔다 할 뿐 절대 범인이 아니라는 확신이 들었다. 부대장은 구달의 호소를 무시하고 되물었다.

"그러니까 구달 당신도 이들이 어디서 어떻게 왔는지 모르는 거 아니야?"

"그건 그렇지만…"

"그러니 이들이 첩자인 거야. 알지도 못하는 나라 이름을 대면서 당신에게 먼저 접근하고, 근처에 있는 우리 기지에 와서 자금을 훔친 거라고!"

"노인과 아이들일 뿐이에요. 첩자라뇨."

"첩자란 게 원래 그렇다고! 누가 위험해 보이는 자를 첩자로 쓰겠어?"

정호는 머릿속으로 상황을 정리하고 있었다. 침착하게 생각하면 빠져나갈 방법이 있을 것이다. 하지만 정호의 생각이 정리되기도 전에 다혈질인 초연이 벌떡 일어섰다. 초연은 말릴 틈도 없이 빠르게 말을 쏟아냈다.

"왜 못 믿어욧? 대한민국은 동양의 중국과 일본 사이에 있는 나라라고요! 곧 세계 10위의 경제 대국이 되고, 반도체와 조선 기술이 세계 1위를 차지한다고요!"

"이 쪼그만 게 어디서!"

부대장이 다가와 손으로 초연의 머리를 후려쳤다. 그러나 초연은 바닥에 쓰러져서도 기죽지 않았다.

"왜 때려욧! 폭력밖에 모르는 나쁜 놈들!"

"이게, 죽여 버리겠어!"

부대장은 자신의 총을 높이 들어 개머리판으로 초연을 내리치려 했다.

"안 돼!"

순간 옆에 있던 지킬이 몸을 일으켜 초연 앞을 막아섰다. 개머리판은 지킬의 머리를 비스듬히 강타했고 지킬은 억 소리를 내며 그대로 기절해 버렸다. 그러나 부대장은 쓰러진 지킬을 향해 다시 총을 치켜들었다. 이번에는 초연과 구달이 소리를 지르며 지킬을 감쌌지만 부대장은 멈출 생각이 없어 보였다. 그때 뒤에서 대장이

소리쳤다.

"그만!"

"대장님, 그렇지만 이놈들이…"

"부대장. 생각 좀 하시오! 자금이 없으면 독립도 없소! 저들이 죽으면 어디서 금괴를 찾는단 말이오!"

대장은 부대장과 달리 신중하고 머리가 좋은 사람이었다. 정호는 이 사람이라면 대화가 통할 것 같았다. 긴급한 상황이었지만 생각이 좀 더 정리된 참이었다.

"대장님, 구달 누나, 아니 연구원 말씀처럼 우리는 힘없는 노인과 어린애예요. 금괴 200킬로그램을 어떻게 몰래 옮기겠어요? 우리 셋이 아무리 힘을 쓴다 해도 절대로 다 옮기지 못한다고요."

대장은 의자 등받이에 기대며 손으로 턱을 괴었다. 정호의 말은 일리가 있었다. 금괴 상자를 한 번에 옮기는 것은 불가능하고, 그렇다고 보초병들을 피해 몇 번씩 나를 수도 없었다. 그때 부대장이 소리쳤다.

"우리가 모르는 어떤 방법을 썼겠지!"

"우리는 초능력자가 아닙니다. 우리가 범인이 아님을 증명할 수 있어요."

대장이 의자에서 등을 떼며 몸을 앞으로 내밀었다.

"어떻게 증명할 거지?"

"지문 채취를 하면 돼요."

정호는 과학 탐구 프로그램 시간에 지문 채취하는 법을 배웠다. 연필을 곱게 간 가루를 지문이 묻은 곳에 후 하고 분다. 지문의 모양을 따라 연필 가루가 달라붙는데 이것을 스카치테이프로 떼어 내면 된다. 정호는 대장에게 차분히 지문 채취 방법을 설명했다.

"금괴를 둔 방문의 손잡이 지문을 채취하는 거예요. 그리고 우리 지문과 비교해 보면 우리가 범인이 아닌 걸 알 수 있어요. 우리 지문이 나타나지 않을 거니까요."

정호는 일부러 여기까지 말했지만 한 단계 더 염두에 두고 있었다. 부대 내 모든 군인의 지문을 채취한다면 범인을 잡을 수도 있다. 대장은 손가락을 의자 팔걸이에 톡톡 치면서 잠시 생각에 잠겼다.

"대장! 이런 놈들의 말을 뭐하러 듣는답니까? 하나씩 족치면 불게 되어 있어요."

하지만 대장은 손을 들어 부대장의 말을 끊었다.

"일단 이들을 방에 가두도록 해!"

"대장!"

"명령이다."

네 사람은 군인들에게 인솔되어 어두운 방에 갇혔다. 방에는 창문 하나 없이 오직 문 하나뿐이었고 밖에서 잠겨 열리지 않았다. 초연은 문을 쾅쾅 두드리고 정호는 골똘히 생각에 잠겼다. 구달은 의식이 흐릿한 지킬의 팔다리를 계속해서 주물러 주었다.

잠시 후 지킬이 앓는 소리를 내며 깨어났다. 초연이 달려가 지킬에게 물었다.

"할아버지, 괜찮으세요?"

"우잉잉~ 머리 아프다."

"휴, 괜찮으신 것 같네요. 아깐 하이드셨지만 아무튼 저를 구해 주셔서 감사해요."

"우잉잉~ 내가 구했다."

구달이 지킬의 머리 부상을 다시 살펴보더니 안심하고 말했다.

"다행히 빗겨 맞아서 찰과상에 그쳤어."

"구달 언니, 제가 너무 나섰죠? 모두 위험에 빠질 뻔했어요."

구달은 초연의 머리를 쓰다듬었다.

"아니야. 어쩌면 총 앞에서도 겁내지 않을 수 있을까 감탄했어."

사실 대한민국에서 학생으로 살며 총을 볼 일 자체가 없었기 때문인지 오히려 무섭지 않았다. 하지만 초연은 말을 아꼈다.

"히히, 그런가요?"

"그래. 나도 네 용기를 본받으려 한단다."

정호는 아까부터 자신이 추리한 내용을 모두에게 말하고 의견을 듣기로 했다.

"내 생각에 범인은 부대장일 것 같아."

"뭐?"

"우리가 가져가지 않은 게 확실하니, 결국 부대 안에 있는 군인 짓이잖아. 일반 병사는 200킬로그램이나 되는 금괴를 전부 훔쳐 갈 엄두를 내지 못할 테니 간부급일 거야. 아까 지문 이야기를 할 때, 부대장이 안절부절못하고 땀을 흘리더라고."

"그렇다면 아까 그렇게 말하지 그랬어?"

"그랬다면 부대장이 우리를 가만히 뒀겠어? 여기 대장은 부대장보다 똑똑한 사람이야. 내가 지문 채취 방법을 알려 줬으니 곧 밖에서 사람들을 데려와 범인을 잡을 거야."

그때, 밖에서 문고리가 덜그럭거리는 소리가 났다. 혹시 부대장이 모두를 죽이러 온 것이 아닐까 두려워 넷은 서로 꼭 붙은 채 문에서 최대한 떨어졌다. 한참 동안 문은 열리지 않고 덜그럭덜그럭 쇳소리만 들렸다.

이윽고 소리가 그치고 천천히 문이 열렸다. 문 앞에 선 것은 부대장이 아니라 침팬지 한 마리였다.

"플로?"

"플로가 우리를 구하러 왔나 봐요. 은혜를 갚으러 온 거예요!"

플로는 보초병들이 없는 곳을 알고 있는지 앞장서서 길을 안내했다. 그리고 인간들이 잘 따라오고 있는지 확인하려는 듯 뒤를 연신 돌아봤다. 플로 덕에 무사히 숲 가장자리까지 도착했을 때 초연이 멈춰 서 말했다.

"지킬 할아버지, 정호야. 이제 구달 언니와 헤어질 때가 왔어."

지킬의 목걸이에서 또다시 타임머신의 녹색 빛이 새어 나오고 있었다. 초연이 마지막으로 구달의 손을 잡았다.

"언니는 진짜 멋있어요. 저도 언니처럼 멋진 여자로 자랄 거예요."

"초연아, 왜 그래. 지금은 어서 도망가야 해."

"언니는 플로와 숲으로 돌아가세요. 알고 보니 우리가 범인이었다고 하면 돼요."

"어쩌려고 그래? 어디로 가려고? 저들은 총을 갖고 있다고."

"우리는 여기 왔을 때처럼 홀연히 사라질 거예요. 저기 봐요. 플로와 피피, 플린트가 기다리네요. 어서 가세요. 이러다가 침팬지들까지 위험해져요."

지킬이 양손을 들어 흔들었다.

"우히히, 침팬지들 안녕."

"어서 가세요."

"그래, 조심해라. 그럼 난 곰베 숲으로 돌아갈게. 이번에 너희를 만난 것에 정말 감사한단다. 덕분에 침팬지들과 더욱 가까워질 수 있었어. 다른 과학자들이 뭐라고 해도 내 방식대로 침팬지 연구를 계속할 거야."

구달은 플로와 피피, 플린트를 차례로 바라보며 행복한 얼굴로 중얼거렸다.

"생명에게 이름을 붙여 주고 사랑으로 대할 거야."

정호가 멀어져 가는 구달과 침팬지들의 뒷모습을 보며 말했다.

"구달 누나의 연구 방법이 지금까지의 규칙을 어겼을지도 모르지만 결국 모두에게 보여 줄 거야. 동물과 인간이 다르지 않고, 지구의 모든 생명이 같이 살아야 한다는 걸."

"맞아. 지킬 할아버지가 그랬잖아. 제인 구달은 세계적인 동물학자이자 환경운동가가 됐다고."

침팬지들과 구달의 모습이 시야에서 완전히 사라지자 초연이 돌연 목소리를 깔며 말했다.

"범인은 다시 범행 현장으로 돌아오는 법."

"그래. 부대 안에 금괴가 없다면 숲속에 숨겼을 거야. 몰래 나오는 사람을 따라가자."

"그리고 대장에게 알리고 우리는 사라진다."

"좋은 작전이야."

"우히히, 저기 범인이다."

지킬의 말에 모두 황급히 큰 나무 뒤로 숨었다. 정말로 군인 세 명이 부대에서 나와 연신 주변을 살피며 뒤쪽 숲으로 다가가고 있었다.

"흥! 맨 앞에 있는 군인은 잊을 수 없는 얼굴이군."

초연이 빈정거리며 말했다. 부대장이었다.

"지금 대장의 방으로 가자! 혹시 모르니 할아버지는 언제라도 도망갈 수 있도록 타임머신 목걸이를 꺼내 주세요."

"우히히, 준비 완료!"

셋은 나왔던 길로 살금살금 되돌아갔다. 잡혀갔던 아지트로 잠입해 대장의 방문 앞으로 접근했다. 문틈으로 불빛이 새어 나오는 걸 보니 아직 깨어 있는 듯했다. 정호가 조심스럽게 노크했다.

"누구냐?"

대답 없이 문을 열고 세 사람이 불쑥 방으로 들어가자 대장은 놀라서 벌떡 일어섰다.

"너, 너희 어떻게 탈출했지?"

초연이 앞으로 한발 나섰다.

"그게 문제가 아니에요. 지금 부대장이 숲속으로 가고 있어요. 분명히 금괴를 숨겨 둔 곳으로 갈 거예요."

대장은 초연의 말에 놀라지 않았다.

"알고 있다. 아까 부대장이 너희 말에 과하게 반응하는 걸 보고 확신했지."

"그럼 어서 군인들을 보내 체포하셔야죠."

"금괴 숨겨 둔 곳을 말하지 않으면 곤란하니 미행을 붙였어."

"그렇군요. 그럼 누명이 벗겨졌으니 우리는 대한민국으로 돌아갈 거예요. 기억해 두세요. 대장님도 곧 대한민국을 알게 될 테니까요."

"후후, 알았다. 하지만 범인이 확실해질 때까진 못 보내."

"죄송하지만 우리 맘이에요."

대장이 밖을 향해 소리쳤다.

"거기 누구 없나? 어서 이들을 잡아!"

"지킬 할아버지, 시작하시죠?"

"우히히, 타임머신 발동~"

목걸이에서 녹색 빛이 뿜어져 나왔다. 군인들이 달려왔을 때, 세 사람은 감쪽같이 사라지고 없었다.

4장

윌리엄 하비와 함께
마녀사냥을 막아라

셋은 어두운 숲속에서 깨어났다. 앙상한 나무들 사이로 짙은 안개가 낮게 깔려 있었다. 숨을 들이쉬자 습기에 더해 뭔가 끈적하고 불쾌한 냄새가 났다. 악마라도 나올 것 같은 분위기였다. 초연의 팔에 오소소 소름이 돋았다.

"우리… 지옥으로 온 것은 아니겠지?"

정호도 어두운 숲속의 기운에 불길함을 느낀 것은 마찬가지였지만 애써 고개를 저었다.

"초연아, 무서운 소리 하지 마."

지킬이 자신의 머리를 한 손으로 누르며 천천히 일어났다. 이동 전에 총의 개머리판에 맞은 상처 때문에 아직 통증이 있었다.

"아이고, 머리야. 도대체 내 머리가 어떻게 된 거니?"

초연과 정호가 주변을 경계하며 지킬에게 다가왔다. 초연이 떨리는 목소리로 말했다.

"지킬 할아버지. 타임머신은 지구상에서만 이동하는 거 맞죠?"

"글쎄다…. 아무튼 머리도 아프고 기분 나쁜 곳이로군."

정호가 분위기를 바꿔 보려 애써 밝은 목소리를 냈다.

"하지만 세 번의 여행으로 이제 타임머신의 목적은 확실히 알았잖아. 기분 나쁜 이곳을 탈출하려면 어서 움직여 새로운 과학자를 만나야 해."

지킬이 고개를 끄덕이며 말했다.

"나도 정호 이론에 동의해. 한 가지 중요한 공통점이 또 있지. 파스퇴르, 다윈, 구달 모두 과학 중에서도 생물학을 연구하는 과학자라는 거야."

"그럼 어서 움직이자고요. 일단 무기가 필요하겠는데. 이게 좋겠군."

초연이 바닥에서 두꺼운 나뭇가지를 주워 공중에 휘둘렀다. 휙하고 안개 낀 공기를 가르는 소리가 났다. 지킬이 말했다.

"나무로 뭘 하겠다는 거야? 지난번처럼 괜히 반항했다가 총을 맞을 수도 있다고!"

초연은 입술을 비죽이고 나뭇가지를 바닥에 던져 버렸다.

"나도 생각이 없는 건 아니라고요. 여행 규칙을 한 가지 더 발견했어요. 우리는 할아버지 말씀대로 생물학자를 만났어요. 그리고 매번 그가 고민하고 있는 문제를 같이 해결할 때, 타임머신 에너지가 채워졌죠. 우리가 파스퇴르, 다윈, 구달이 연구 방향을 정하도록 도운 거예요."

지킬이 걱정했듯이 이들의 시간여행이 생물학자들의 연구를 방해한 것이 아니라 오히려 역사대로 이루어지도록 도왔다는 얘기였다. 지킬은 입을 굳게 다문 채 생각에 잠겼고 정호가 대신 대꾸했다.

"오! 정말 그러네. 파스퇴르 아저씨는 생물속생설, 다윈 아저씨는 자연선택설, 구달 누나는 침팬지 연구에 대해 깨닫도록 우리가 도왔잖아요. 할아버지, 초연이 말이 맞는 것 같죠?"

"소 뒷걸음치다 쥐 잡은 격이지, 뭐."

"지금 뭐라고 하셨어요, 하이드 씨!"

"누가 하이드야. 내가 지킬이고 멍청한 영감탱이가 하이드면 모를까."

지킬과 초연이 아웅다웅 다투고 있을 때, 정호의 시야에 뭔가 들어왔다. 숲속 저편에서 검은색 형체가 얼핏 움직이다가 다시 안

개 속으로 사라진 것이었다.

"쉿! 저기 뭔가 있어요!"

지킬과 초연도 말을 멈추고 정호가 가리킨 곳을 바라봤다. 짙은 안개가 서서히 흘러갈 때마다 움직이는 뭔가가 보였다.

"위험한 동물이 아닐까요?"

"동물은 아닌 것 같아. 저건 검정색 옷 아니냐. 사람이라고."

초연은 아까 버렸던 나뭇가지를 다시 집어 들었다.

"혹시 멧돼지일지도 모르니까요."

지킬이 한 발 물러서며 과장되게 손짓했다.

"초연 대장, 앞장서시게."

초연은 두 손으로 나뭇가지를 높이 들고 앞장섰다. 정호가 지킬을 부축하며 그 뒤를 따랐다. 가까이 갈수록 안개가 옅어지고 희미하던 형체는 점차 선명해졌다. 분명 사람이었다. 뒷모습이었지만 긴 금발 머리와 옷차림으로 보아 여자인 것 같았다. 눅눅하게 가라앉은 머리와 때 묻은 옷에서 옅은 피비린내가 전해졌다. 여자는 세 사람이 다가온 줄도 모르고 뭔가에 열중하고 있었다. 초연이 지킬의 옆구리를 찔렀다. 말을 걸라는 뜻이었다.

"이보시오?"

여자는 하던 일을 멈추고 일어서 뒤를 돌아봤다. 손에는 빨갛게 물든 칼이 들려 있었고, 하얀 얼굴에는 핏방울이 군데군데 튀어 있었다. 여자의 뒤편으로는 개인지 늑대인지 모를 동물의 사체가 보였다. 갈라진 뱃가죽 밖으로 구불구불하게 튀어나온 것은 창자가 분명했다.

"으악! 귀, 귀신이닷!"

뒤쪽에 있던 정호가 소리를 지르며 뒤돌아 뛰기 시작했고, 지킬은 다리에 힘이 풀려 그 자리에 주저앉은 채 무릎으로 기어 달아나려고 했다. 초연도 떨려서 팔이 후들거렸지만 나뭇가지를 다잡고 여자에게 다가갔다. 타임머신이 발동될 때마다 그 시대 과학자를 만났으니, 당연히 이 귀신 같은 여자도 과학자일 것이다.

"당신은 누, 누구신가요?"

초연을 무심히 건너다보던 여자가 되물었다.

"그건 내가 물어야 할 것 같은데. 넌 누구니? 너처럼 검은 머리, 검은 눈동자를 가진 사람은 처음 보는데."

"언니, 혹시 여기는 어느 나라고, 지금은 몇 년도인가요?"

"너 어디가 안 좋은 거니? 여긴 영국이고 지금은 1615년이지. 이제 내 물음에 대답해. 넌 누구니?"

초연은 세계사를 잘 몰랐다. 1615년 영국에서는 어떤 일들이 벌어졌던 걸까? 도움을 구하려고 뒤를 돌아보자 지킬이 아직도

주저앉아 있었다. 정호도 멀리 가지는 않고 나무 뒤에서 얼굴을 내밀고 이쪽을 지켜보고 있었다.

"우리는 동양 사람이에요. 잠시만요."

초연은 지킬을 부축해 일으키고 정호를 불렀다.

"정호야, 여기로 와! 귀신이 아니라 사람이라고!

"아이고, 나 죽네. 무릎이 다 까졌다."

지킬의 바지 무릎 부분에서 피가 스며 나왔다.

"할아버지, 의외로 겁이 많으시군요?"

"정호가 먼저 '귀신이닷' 하고 도망가니 안 놀랄 수 있겠냐?"

정호가 쭈뼛쭈뼛 다가와 둘의 곁에 섰다. 지킬과 초연을 버려두고 도망갔다는 죄책감에 침울해져 고개를 숙이고 있었다. 초연이 정호의 등짝을 때리며 말했다.

"야, 놀라면 그럴 수도 있지 뭘. 지금 여기는 1615년의 영국이래요. 우리더러 누구냐고 물으니 할아버지가 설명해 주세요."

지킬은 여자와 동물의 사체를 번갈아 보면서 말했다.

"아이작 뉴턴은 1640년대생이니 모를 테고… 1615년이면 갈릴레이가 살던 시절인가? 가만있자, 혹시 동인도회사는 아시오?"

여자는 고개를 끄덕였다. 동인도회사는 유럽의 힘센 나라들이 동양과의 해상무역을 독점하기 위해 설립한 무역 회사였다.

"정세에 대해 잘 아시는군요. 동양에 인도라는 나라가 있다고 들은 것 같아요."

"그렇소. 우리는 바로 그 동양 사람이오. 우리나라는 인도보다도 훨씬 더 동쪽으로 가야 하지만 말이오."

여자의 경계가 풀어지는 것을 확인한 지킬이 동물의 사체를 손가락으로 가리켰다.

"혹시 지금 해부를 하고 있었소?"

해부라는 말에 여자의 푸른 눈동자가 커졌다.

"노인장은 해부학을 알고 있나요?"

"그렇다고 봐야겠지. 내 이름은 지킬이오. 혹시 당신 이름을 알려 줄 수 있소?"

"소피아예요."

여자가 이름을 말하자 정호와 초연이 기대에 찬 눈빛으로 지킬을 빤히 보았다. 역사에 남은 과학자가 맞느냐는 물음이었다. 지킬은 소피아라는 이름의 생물학자가 떠오르지 않아서 고개를 저었다. 뭔가 더 물어서 정보를 알아내야 할 것 같았다.

"어떤 연유로 남들이 꺼리는 동물 해부를 하고 있소? 기관계별로 잘 분리한 것을 보니 보통 솜씨가 아닌 것 같은데 말이오."

"저희 아버지가 해부학자이자 의사였어요. 아버지는 돈이 없어

서 사람 시체를 구하지 못하고, 대신 동물을 해부해 인간의 장기를 알려고 했어요. 하지만 이단으로 몰려 죽임을 당했죠. 그래서 제가 그 뜻을 이어받기로 한 거예요. 아버지의 연구가 이단이 아님을 증명하려고요."

지킬이 이제 이해가 간다는 듯 무겁게 고개를 끄덕였다. 당시 영국을 지배하던 종교인 개신교는 중세 유럽의 로마 가톨릭과 다를 바 없이 사람들에게 절대 신앙을 강요했다. 거기에 따르지 않거나, 시대상 너무 앞서가거나 튀는 존재들을 '이단'으로 규정해서 처벌하려 했다.

"아버지 성함은 어떻게 되시오?"

"에드워드 길리엄."

지킬이 초연과 정호를 돌아보며 작게 속삭였다.

"아버지도 모르는 이름이다. 이번 타임머신은 길을 잘못 찾아왔나 봐."

그때 소피아가 지킬에게 간절한 말투로 물었다.

"노인장은 해부학을 아시는 것 같은데 한 수 알려 주십시오. 심장과 혈관에 대해 알고 싶어요."

"당신은 심장에 대해 어디까지 알고 있소?"

"심장은 네 개의 구역으로 나뉘어 있죠. 아래쪽 좌측은 대동맥,

우측은 폐동맥에 연결되어 있어요. 위쪽 좌측은 폐정맥, 우측은 대정맥으로 연결되어 있고요."

"헐, 저거 얼마 전에 배운 건데!"

반가워하며 끼어드는 초연에게 눈빛으로 주의를 준 뒤 지킬이 말을 받았다.

"음, 그 정도면 상당한 수준이군요. 한데 당신이 궁금한 것은?"

"문헌에 따르면 동맥에는 공기가, 정맥에는 혈액이 흐른다고 되어 있어요. 죽은 동물을 해부해 보면 실제로 그렇긴 해요. 하지만 뭔가 이치에 맞지 않아요. 아버지는 동맥에도 혈액이 흐르지 않을까 생각했어요."

지킬은 머릿속으로 당시의 의학 수준을 가늠해 봤다. 1600년대 초반이라면 혈액이 심장을 중심으로 순환한다는 생각을 하지 못했을 것이다. 심장이 동맥과 정맥으로 연결된다는 것까지는 알지만 동맥과 정맥을 서로 연결하는 모세혈관의 존재를 관찰하지 못했기 때문이다. 아직 현미경이 발달하지 않은 시대였다. 하지만 소피아의 표정은 확신에 차 보였다.

"당신은 이미 증명한 것 같소만. 저 동물이 살아 있을 때 동맥을 잘라서 확인했겠구려."

죽은 상태에서는 동맥에 혈액이 없기 때문에 당시로는 공기만

이동한다고 여겨졌다. 그래서 소피아는 살아 있는 상태의 생물을 대상으로 실험해 본 것이다. 남에게 들킨다면 분명 잔인한 이단으로 찍힐 일이었다.

"맞아요. 심장은 동맥과 정맥을 통해 혈액을 내보내는 거였어요. 하지만 심장에서 그 많은 혈액을 어떻게 계속 만드는지 알 수 없어요."

혈액이 순환한다는 생각을 하지 못하니 그저 심장에서 새로운 혈액을 계속 만들어 내보내는 것으로 알 수밖에 없었다. 알려지지 않은 해부학 연구자이긴 하지만 그래도 입조심을 해야겠다고 생각한 지킬은 할 수 없이 거짓말을 했다.

"음… 거기까지는 나도 알 수 없구려."

소피아는 실망했는지 고개를 숙이고 한숨을 푹 쉬었다. 그러다 지킬의 무릎을 발견하고 말했다.

"다치신 것 같은데 마을로 가 보세요. 거기에서 의사 하비를 만날 수 있을 거예요."

"지금 뭐라고 했소? 하비? 윌리엄 하비?"

"알고 계시는군요. 마을 병원의 의사예요."

"감사하오. 마을은 어디오?"

소피아가 가리키는 방향을 향해 셋은 서둘러 발길을 옮겼다.

1615년 영국의 수도 런던의 풍경은 우울했다. 길 곳곳에 구정물이 고여 있었고, 어디를 가나 기분 나쁜 냄새가 났다. 초연이 코를 막으며 말했다.

"할아버지, 어서 이 시대를 탈출해야겠어요. 전염병에 걸리기 딱이에요."

"하수도 시설이 없어서 그렇다. 마실 물도 우물이나 강물을 그냥 사용하지. 1300년대 중반에 유럽 전역에 페스트가 유행했던 거 알지? 흑사병이라고도 부르는데 얼굴이 까맣게 변해서 그렇단다. 전염성이 강해 환자의 집을 봉쇄해 버리니까 손쓸 수 없이 죽는 거야. 코로나19는 페스트에 비하면 병도 아니라니까."

지킬은 망치를 휘두르듯 허공에 손을 움직였다. 여전히 무서운 얼굴을 하고 있었지만 처음 만났을 때처럼 눈빛이 날카롭지는 않았다. 오히려 초연을 놀려 주느라 일부러 과장하는 것 같았다.

"아, 콜레라와 장티푸스도 있지. 콜레라는 걸리면 설사를 계속해 몸에서 수분이 쫙 빠져…"

"그만! 그만요. 할아버지 말을 듣다가는 여기서 아무것도 못 먹을 것 같아요."

초연이 손을 내젓고 앞서가 버리자 지킬은 슬며시 미소를 지었다. 그 모습을 보며 정호는 지킬이 조금씩 변하고 있다는 걸 느낄 수 있었다.

"할아버지. 윌리엄 하비는 어떤 과학자예요?"

"하비는 해부학자다. 혈액이 순환한다는 것을 알아낸 과학자야."

"순환이라면 2학년 올라와서 배웠어요. 소화계, 호흡계, 배설계도 함께 배웠고요."

"지금 여기는 혈액이 순환한다는 사실조차 믿지 않는 시대란다. 이번에는 진짜 말조심해야 해. 역사에 관여하고 말고 문제가 아니라, 그런 주장을 했다가는 바로 잡혀갈 수도 있으니 말이야."

셋은 사람들에게 물어 가며 하비가 운영하는 병원에 도착했다. 막상 가 보니 병원이라고 부르기 민망할 정도로 현대의 병원과는 달랐다. 바깥에 비해 상대적으로 깨끗하기는 했지만 그래도 위생 개념은 전혀 찾아볼 수 없었다. 의사가 손을 소독하지 않은 채 상처를 치료할 정도였다. 타임머신 첫 여행에서 만났던 파스퇴르가 염증과 세균의 관계를 밝히려던 시기가 1860년대였고, 지금은 그때보다 200년도 더 전이니 당연한 일이었다.

병원까지 걸어오는 동안 길에서 마주친 모든 이들이 그랬지만,

하비는 특히나 더 중세 영화 속 인물 그대로였다. 곱슬머리를 단정하게 빗어 뒤로 넘겼고, 황금빛 수염도 잘 다듬어 가지런했다. 하비가 물었다.

"당신들은… 그러니까 어느 나라 사람이십니까?"

지킬은 소피아에게 했던 대로 동인도회사부터 시작해 동양 사람이라는 이야기까지 차분히 설명했다.

"나도 들었습니다. 저 멀리 동양에는 검은 머리에 검은 눈동자, 황색 피부를 가진 사람들이 산다는 것을요."

하비는 지킬의 백발머리를 보더니 웃으며 덧붙였다.

"하하, 늙으면 백발이 되는 것은 똑같군요. 어떤 사연으로 여기까지 오셨는진 모르겠지만 날 찾아온 환자들은 모두 똑같습니다. 어서 들어오세요."

하비는 케임브리지대학에서 의학을 공부했고, 졸업 후 이탈리아의 파도바대학에서 의학박사 학위를 받아 돌아온 유능한 의사였다. 왕립의학회 회원으로 이 병원에 근무하면서 왕실 귀족들의 주치의로도 활동하고 있었다.

"어르신. 무릎을 다치셨군요. 제가 봐 드리죠."

윌리엄 하비는 지킬의 다친 무릎을 깨끗한 물로 씻어내고, 짓이긴 식물을 발라 주었다. 적극적인 치료라고 할 수는 없어도 상처

가 덧나지 않도록 하기에는 충분해 보였다.

"자, 치료는 끝났습니다. 먼 길 오셨을 테니 휴식을 취하도록 방을 배정해 드리지요."

방에는 나무를 땔 수 있는 난로가 있었다. 난로 위의 커다란 주전자에서 따뜻한 수증기가 피어올랐다. 온기가 느껴지는 방에 들어오니, 우중충한 도시의 불쾌함이 조금은 가시는 것 같았다.

"그럼 어르신, 편히 쉬고 있으세요. 저는 왕진을 다녀올 시간이라서 말입니다."

"감사하오, 하비 박사. 한데 독한 술 한 병 얻을 수 있겠소?"

하비는 이해가 간다는 듯 검지를 들어 보였다.

"오! 여독을 풀고 싶으신 게로군요. 준비해 드리겠습니다."

하비는 하인을 시켜 음식과 술을 준비해 주고는 밖으로 나갔다. 초연이 돌처럼 딱딱한 쿠키 하나를 힘겹게 씹으며 빈정거렸다.

"대단하시네요. 이 상황에서 술을 드시려고 하다니."

"쯧쯧, 뭐 눈엔 뭐만 보이는 법이지."

지킬은 술병을 열어 냄새를 맡았다. 꽤나 독한 술인지 진한 알코올 냄새가 훅 올라왔다. 지킬은 주전자 뚜껑을 열어 술병을 끓는 물에 넣었다. 정호는 음식을 먹었다가 병에 걸리기라도 할까 불안해서 초연을 보고만 있다가 지킬에게 다가왔다.

"할아버지, 술을 왜 끓이려고 하세요?"

"소독약을 만들려고 한단다. 농도가 높은 깨끗한 알코올을 얻어야 하는데 이 술은 충분히 독한 것 같구나. 물중탕으로 불순물을 제거할 거야."

"아, 분별증류를 하시려는 거군요?"

"오호, 분별증류를 아니?"

"그 정도는 학교에서 배운다고요. 알코올의 끓는점은 78도씨고, 물의 끓는점은 100도씨니까, 물중탕으로 80도씨 부근에서 나오는 증기를 모으면 순수한 알코올을 뽑아낼 수 있잖아요."

"그래, 그 알코올 이름이 에탄올이지. 메탄올, 부탄올 등 알코올의 종류는 많지만, 에탄올 외에 다른 알코올은 먹으면 절대 안 된단다."

지킬은 끓은 알코올을 잠시 식힌 뒤, 자기 무릎을 소독하려 했다. 하지만 오늘의 고생으로 이미 힘이 빠졌는지 술병을 든 손이 부르르 떨렸다. 초연이 다가가 술병을 뺏어 들었다.

"아이쿠, 다 쏟겠네요. 제가 해 드릴게요."

지킬은 뭔가 말하려다 입을 다물고 초연이 하는 대로 가만히 두었다. 초연은 깨끗한 천에 알코올을 적셔서 지킬의 무릎에 대고 톡톡 두드렸다. 지킬은 쓰라린지 인상을 살짝 찌푸렸지만 이내 온

화한 표정으로 초연에게 설명했다.

"피부는 세균이 세포 속으로 침투하는 것을 막아 준단다. 하지만 상처가 나면 세균이 피부 속으로 들어가 감염되고 염증이 생겨 고름이 나지. 고름은 백혈구가 세균과 열정적으로 싸우고 있다는 증거야. 하지만 알코올로 세균을 죽일 수 있어. 그래서 상처를 소독하면 백혈구를 도울, 악!"

소독을 마친 초연이 마무리로 지킬의 무릎을 톡톡 쳤다.

"아이고, 시끄러워. 다 됐어요."

"과학 공부를 소홀히 하면 안 돼."

"안 그래도 학교에 돌아가면 열심히 하려고 해요."

떠나온 뒤로 세 사람은 일부러 집이나 학교 얘기를 피하고 있었다. 초연과 정호는 지킬이 스스로를 탓할까 봐 그랬고, 지킬은 너무 미안해서 오히려 아무 말도 할 수 없었다. 지킬은 고개를 절레절레 흔들더니, 중탕하기 전 남겨 둔 술 한 잔을 쭉 들이켰다.

"난 지쳤으니 이제 자야겠다. 사고 치지 말고 너희도 얼른 자라."

지킬은 침대에 눕자마자 드르렁 코를 골며 깊은 잠에 빠져들었다. 파스퇴르를 만나며 시작된 여행은 다윈과 함께한 비글호 여행, 구달과의 정글 생활로 쉴 새 없이 이어졌다. 초연과 정호도 그간 쌓인 피로로 별말 없이 잠자리에 들었다. 잠에 빠져들고 얼마 지나지 않아, 하비가 돌아와 황급히 두 사람을 흔들어 깨웠다.

"일어나 보게! 큰일 났다네!"

초연과 정호는 눈이 떠지지 않은 채로 힘겹게 일어났다. 지킬의 모습은 보이지 않았다.

"왜 그러세요, 하비 박사님?"

"자네들과 같이 온 지킬 어르신이 잡혀 갔어."

"네? 아까까지 여기 계셨는데, 어떻게요?"

"나도 모르겠네. 지금 광장에 묶여 있다니까 어서 가 보세."

두 사람은 하비를 따라 건물이 둥글게 둘러서 있는 광장으로 뛰어갔다. 광장 한가운데에는 성인의 허리 높이 정도의 단상이 있었고, 그 위로 십자가 모양의 나무 형틀이 있었다. 그리고 거기, 지킬과 숲속에서 만났던 소피아가 나란히 묶여 있었다. 초연과 정호는 앞뒤 잴 것 없이 지킬을 향해 내달렸다. 기다란 창을 들고 갑옷을 입은 경비병들이 이들을 막아섰다.

"멈춰!"

"우리 할아버지를 왜 매달아 놓은 거예요?"

"저자는 마귀다. 저 옆에 있는 마녀와 접선한 증거가 있어."

헐레벌떡 뒤따라온 하비가 경비병들에게 말했다.

"이보시오. 난 왕족 주치의요."

경비병들은 하비를 알아보고 창을 내렸다.

"하비 선생님 아니십니까?"

"그렇소. 잠시 이 청년들을 들여보내 주시오. 내가 이들의 신원을 보증하오."

경비병들이 물러서자 하비와 초연, 정호는 지킬에게 가까이 갈 수 있었다. 단상 아래서 초연이 지킬을 올려다보며 물었다.

"할아버지, 여기에 왜 묶여 있는 거예요?"

"우잉잉~ 나도 몰러."

옆에 묶여 있던 소피아가 대신 말했다.

"너희 할아버지가 나를 알아보시더니 해부학 지식들을 막 쏟아내셨단다. 그럼 마귀로 몰리기 때문에 조심해야 하는데 말이야."

하비가 소피아를 보고 놀라 말했다.

"당신은 숲에서 동물의 배를 마구 가른다는 여자 아니오?"

하비의 얼굴이 피가 빠져나간 듯 허옇게 질렸다.

"왜 그러세요, 하비 박사님?"

"큰일이구나. 자네들 할아버지가 저 마녀와 같이 엮인 거라고."

소피아가 마녀라는 말에 벌컥 화를 냈다.

"당신도 의사니 해부를 알 거 아닌가! 난 마녀가 아니라 해부학

———— 140

을 연구한 거라고!"

정호가 침을 꼴깍 삼키고 하비에게 물었다.

"하비 박사님, 이제 우리 할아버지랑 소피아는 어떻게 되는 거예요?"

"내일 재판 후 화형을 당할 거야."

정호도 마녀재판에 대해 들어 본 적이 었었다. 중세부터 근대 초기까지 유럽을 중심으로 많은 여성들을 마녀라는 죄목으로 화형했다. 백년전쟁에서 프랑스를 구한 잔다르크 역시 마녀재판을 받고 처형당했다. '이단'과 마찬가지로 절대적인 종교 교리에 맞지 않는 이들, 그중에서도 특히 여성들이 마녀로 몰렸다. 깊은 숲속에서 해부학을 연구하며 살아 있는 동물의 배를 가르는 소피아는 분명 해부학자가 아니라 마녀로 보였을 것이다. 그리고 그런 소피아를 알아보고 다가가서 해부학 이야기를 떠들었으니, 지킬 역시 같은 마귀로 보였을 터였다.

"우잉잉~ 살려 줘."

사람을 불에 태워 죽이다니, 더군다나 죄 없는 이들을 화형한다니 초연은 분노가 끓어올랐다.

"이런 잔인한 놈들! 이 사람들은 아무 죄가 없다고욧!"

초연은 단상으로 기어 올라가 지킬을 묶은 밧줄을 풀려고 했다.

하지만 경비병들이 달려와 초연의 옷깃을 잡아 내팽개쳤다. 초연의 얼굴은 눈물범벅이었지만 잠시도 입을 쉬지 않았다.

"이 무식한 놈들아! 과학을 공부하는 사람에게 마귀라고 하다니, 바보 같은 놈들!"

경비병이 창을 들어 초연을 겨눴다.

"너 옷차림이 수상한데, 어디에서 왔지? 마녀와 한패냐?"

벌떡 일어나 경비병에게 달려들려는 초연을 정호가 재빨리 잡았다. 그리고 초연의 입을 손으로 막았다. 지금 초연까지 마녀로 잡히면 세 사람을 구해 내기가 더 힘들어질 것이다. 하비도 초연의 예상치 못한 행동에 어쩔 줄 몰라 하며 경비병들에게 사정했다.

"지금 있었던 일은 보고하지 말아 주게. 이 사람들은 동양에서 온 여행자들이라 아무것도 모른다네. 정호 군, 어서 가세나."

정호와 하비는 초연을 겨우 진정시켜 병원으로 데리고 왔다. 초연은 침대에 엎드려 계속 울고 있었다. 정호는 침착을 유지하려고 했지만 사실 심장이 벌떡벌떡 뛰며 진정되지 않았다.

"어떡하면 좋죠, 하비 박사님?"

"상황이 어렵게 됐네. 하필 그 여자하고 엮이다니. 소피아라는 여자는 심장에서 동맥과 정맥으로 혈액을 내보낸다고 주장하고 다닌다네. 자네들은 갈레노스를 알고 있나? 혈액이 간에서 만들어

지고 정맥을 따라 흐른다는 걸 밝혀낸 의학자지. 천 년 이상 그게 정설이었는데, 소피아가 무슨 자격으로 그걸 반박한단 말인가?"

초연이 고개를 번쩍 들고 소리쳤다.

"소피아가 맞아요! 심장에서 동맥으로 혈액을 내보내고, 그게 정맥을 통해 다시 심장으로 돌아오는 거라고요. 혈액은 순환한단 말이에요. 혈! 액! 순! 환!"

지킬은 늘 현대의 의학 지식을 말하면 안 된다고 했지만, 지금은 지킬의 생명이 걸려 있으니 그런 걸 따질 때가 아니었다. 그래서 정호도 초연이 말하는 대로 놔두었다. 하비는 초연의 말에 엄청난 충격을 받았다. 허무맹랑한 거짓말이라고 하기에는 무언가 마음에 걸렸다. 하비 자신도 이탈리아에서 해부학을 공부할 때, 심장이 근육인 것을 확인했다. 그 근육이 펌프 역할을 하며 혈액을 내보내는 게 아닐까 생각해 보지 않은 것은 아니었다.

"자넨 의학 지식이 남다른 것 같은데. 혹시 소화의 과정에 대해서도 알고 있나?"

하비는 초연을 시험해 보려고 질문했다. 소화는 초등학교 때부터 배웠기 때문에 초연은 아는 지식을 그대로 쏟아냈다.

"음식이 입으로 들어가면 식도를 지나 위로 가요. 위에서 단백질 소화가 일어나고 소장을 지나며 흡수되고 대장을 통해 대변으로 나가는 거죠."

약간 낯선 단어들이 섞여 있긴 했지만 초연이 정확히 이해하고 있다는 걸 알 수 있었다.

"그럼 호흡에 대해서는 얼마나 알지?"

"호흡은 폐에서 일어나요. 산소와 이산화탄소를 교환하는 것이죠. 폐는 근육이 아니기 때문에 스스로 호흡할 수 없어요. 갈비뼈와 횡격막의 수축과 이완으로 호흡하죠."

"산소? 이산화? 그게 다 무슨 소리냐?"

산소와 이산화탄소가 발견되기도 전 시대라는 걸 깨달은 정호가 서둘러 초연의 말을 끊었다.

"초연아, 그 얘긴 그쯤 해 두고, 우린 지킬 할아버지를 어떻게 구할지 궁리해야지."

"알아! 어떡하면 좋을지 모르니 그렇지."

정호는 여태까지 지킬과 여행했던 과정을 찬찬히 돌이켜봤다. 과학자를 만나고 힘을 합쳐 문제를 해결하면 타임머신 에너지가 충전되곤 했다. 그렇다면 이번에는 어떤 문제를 해결해야 할까? 해부학 실험 때문에 마녀로 몰린 소피아를 구하는 것이 미션일지도 모른다.

"초연아, 소피아는 마녀가 아니라 해부학을 연구할 뿐이잖아."

"당연하지."

"그럼 소피아를 구하면 타임머신 에너지가 충전되지 않을까?"

"오, 맞아! 그거야. 그리고 위대한 과학자, 바로 하비 박사님이 그걸 도와야 해!"

하비는 초연과 정호의 뜻 모를 대화를 듣고 있다가 자기 이름이 등장하자 깜짝 놀랐다.

"마을 의사한테 위대한 과학자라니, 갑자기 무슨 소리를 하는 건가?"

"자, 하비 박사님! 혈액이 순환하는 것을 증명해 보세요. 그럼 두 사람의 목숨을 살릴 수 있어요."

하비는 당황스럽긴 했지만, 초연과 정호의 부추김에 오래전 품었던 혈액에 대한 의문이 다시 솟아나는 걸 느꼈다.

"좋아, 해 보지. 내 연구실로 가세나."

초연과 정호는 하비를 따라 연구실로 들어갔다. 벽면에 신체 각 기관의 해부도를 그린 듯한 종이가 여러 장 붙어 있었고, 한쪽 책상에는 동물의 장기가 들어 있는 표본병이 가득했다.

"난 동물 해부를 통해 심장이 근육인 것을 알아냈다네. 심장이 뛰면서 혈액을 내보내는 게 아닐까 생각했지."

"맞아요."

갈레노스는 간에서 만들어진 혈액이 온몸 구석구석에 파도처럼 퍼져나가 흡수되거나 사라진다고 주장했다. 하지만 하비는 내심 그것을 믿을 수 없었다. 맥박이 한 번 뛸 때마다 나오는 혈액의 양에 하루 맥박 수를 곱하면 무려 하루에 1,800리터의 혈액이 소비된다는 얘긴데, 이렇게 많은 혈액을 어떻게 매일 만들어 낸다는 걸까? 인간이 하루에 먹는 양으로는 어림도 없었다.

"혈액을 계속 만드는 게 아니라면… 몸속을 돌고 돈다?"

"정답! 순환할 수밖에 없는 것이죠."

"아까 초연 양은 혈액이 동맥으로 나가서 정맥으로 들어간다고 했지?"

"네, 맞아요."

"동맥은 근육 깊은 곳에, 정맥은 피부 근처에 있지. 이 점을 이용하면 혈액순환에 대해 알아낼 수 있을지도 모르겠어."

하비는 자신의 팔에 피가 통하지 않도록 압박대를 강하게 묶었다. 초연과 정호도 혈액검사를 할 때 고무줄로 팔을 묶어 위쪽 혈관이 부풀게 한 경험이 있었다. 하비는 압박대를 묶은 자신의 아래쪽 팔과 손의 혈관이 부풀지 않는 것을 확인했다. 이어 압박대

를 살짝 풀어 느슨하게 묶자 그제야 혈관이 부풀기 시작했다. 하비의 손등에 혈관이 거미줄 모양으로 도드라져 보였다.

하비는 자신과 두 사람의 팔에 압박대를 묶었다 풀었다 하면서 계속해서 혈액의 움직임을 살폈다. 실험은 밤을 지나 깊은 새벽까지 이어졌다. 아침이 오면 재판이 시작될 것이었다.

"정호 군, 초연 양! 이 정도면 발표할 수 있겠어."

하비의 외침에, 의자에 앉은 채로 졸던 초연과 정호의 눈이 번쩍 뜨였다.

"하비 박사님, 어서 가요! 재판이 시작되기 전에 가야 해요!"

셋이 광장으로 달려갔을 때 형틀을 둘러싸고 사람들이 둥글게 모여 있었다. 몸이 약한 지킬은 오래 매달려 있어서 이미 축 늘어진 채 고개를 숙이고 있었다. 초연이 소리쳤다.

"지킬 할아버지!"

지킬은 미동도 없었다. 불안해진 초연은 더 크게 소리쳤다.

"할아버지! 야, 하이드!"

그러자 지킬의 고개가 서서히 들렸다.

"저 녀석이 어디서…. 그 바보 같은 영감탱이 때문에 결국 이렇게 가는구나."

지킬은 억지로 목소리를 끌어올려 화난 척을 했다. 초연은 또 터지려는 울음을 꾹 삼키고 일단 하비의 뒤로 가서 기다렸다. 그때 재판관이 경비병들에게 둘러싸여 나타났다. 검정색 망토의 가슴 부위에 붉은색 십자가가 수놓여 있었다. 재판관이 옆에서 수행하는 남자에게 말했다.

"스티브. 여자의 죄목을 말하시오."

스티브라 불린 남자가 종이를 펼쳐 소피아의 죄목을 읽었다. 현대로 치면 검사의 역할인 것 같았다.

"신성한 몸을 난자하는 여자 소피아는 과학을 연구한다는 명목으로 동물들의 배를 가르고 있소. 미친 것이 분명해 언제 사람의 배를 가를지 모르오."

사람의 배를 가른다는 말에 군중이 웅성거렸다. 남자들은 허공에 주먹질을 하며 욕을 했고, 여자들은 겁먹은 듯 어린아이를 팔로 감싸 안았다.

"소피아는 스스로 변호할 말이 있으면 하시오."

"당신들은 해부학을 연구하는 나의 아버지도 마귀로 몰아 죽이지 않았느냐! 정신을 차려야 할 것은 내가 아니라 당신들이오!"

"이런 샷된 것! 조용히 하지 못할까? 생명의 피에는 영혼이 흐른다. 너는 그것을 욕되게 하고 있지 않느냐? 여봐라, 장작을 더 쌓아라."

스티브의 명령에 따라 군인들이 단상 밑에 장작을 쌓았다. 다급해진 초연이 하비에게 재촉했다.

"박사님, 뭐 해요, 서두르세요!"

"재판은 이제 시작일 뿐이라네. 걱정하지 말고 지켜보게."

하비는 군중 안쪽으로 헤치고 들어가며 크게 외쳤다.

"길버트 재판관님! 저는 의사 윌리엄 하비입니다."

재판관이 하비를 알아보았다.

"오, 하비 선생. 왜 여기까지 오셨소?"

"저 여인의 주장에 대해 나도 이야기하고 싶은 게 있습니다."

하비는 왕립의학회 회원으로 왕족의 진찰을 맡는 의사이기 때문에 재판관도 쉽게 무시할 수 없었다.

"그렇지, 의사로서도 저 마녀에게 할 말이 많겠구려. 어서 말해 보시오."

재판관은 하비가 마녀 처벌의 근거를 제공해 줄 거라 기대하는 듯했다. 하비는 단상에 올라가 앞쪽의 군중이 볼 수 있도록 자신이 스케치한 그림을 들어 보였다. 혈관의 구조를 그린 것이었다.

그리고 자신의 팔에 압박대를 묶었다 풀었다 하며, 동맥과 정맥 그리고 혈액순환의 과정에 대해 설명했다. 군중은 마을에서 가장 신뢰받는 의사의 설명에 조용히 귀 기울였다. 하지만 마녀사냥을 통해 종교의 권위를 세워야 하는 수행관 스티브는 불만에 가득 차 반론을 제기했다.

"하지만 하비 선생 말씀처럼 혈액이 동맥에서 나와 정맥으로 들어간다면, 동맥과 정맥이 연결되어 있어야 할 텐데 아니지 않습니까?"

하비가 아직 밝혀내지 못한 영역이었다.

"거기까지는 나도 아직 연구가…"

그때 힘겹게 고개를 들고 하비의 증명을 지켜보던 지킬이 나섰다.

"동맥은 심장의 대동맥부터 시작해 손발 끝으로 갈수록 작고 얇아지지 않소? 결국에는 눈에 보이지 않을 만큼 미세한 혈관이 되어 정맥과 연결되는 것이오."

하비는 충격을 받은 듯 입을 벌렸고 군중의 웅성거림이 커졌다. 그때 지킬의 옷깃에서 녹색 빛이 새어나왔다. 정호가 그것을 발견하고 초연에게 속삭였다.

"할아버지 가슴을 봐! 타임머신 에너지가 충전됐나 봐."

"좋았어. 떠날 준비를 하자."

스티브는 지킬의 결정적인 설명에도 물러서지 않고 재판관에게 호소했다.

"재판관님, 눈에 보이지 않는 혈관이라니, 안 보이는 걸 어떻게 증명한단 말입니까? 하비 선생도 저런 이상한 주장을 따라하다가는 이단이 될 겁니다."

하비는 '이단'이라는 말에 바로 기가 죽어서 한발 물러섰다. 떠날 준비를 마친 정호가 침착하게 반박했다.

"눈에 보이지 않으면 존재하지 않는단 말인가요? 그럼 신이 존재하는 건 어떻게 증명하실 거죠?"

하비와 재판관이 흠칫 놀란 표정으로 정호를 보았다. 주변이 한순간 고요해졌다. 다들 멍해진 틈을 타 초연과 정호가 단상으로 기어올랐다. 지킬의 가슴에서 목걸이를 꺼내자 강한 녹색 빛이 사방에 쏟아졌다.

"천사다!"

군중 속에서 누군가 소리쳤다.

"오! 진짜 천사가 왔다!"

사람들이 하나둘 무릎을 꿇고 기도하기 시작했다. 하비는 계속 넋이 나간 채 서 있었지만, 재판관과 스티브는 사람들을 따라 무룤을 꿇었다. 의도치 않게 상황이 해결될 것 같았다. 정호가 지킬의 몸에서 밧줄을 풀어내는 동안, 초연이 사람들에게 외쳤다.

"우린 여러분의 무지를 깨우치러 온 천사가 맞아요! 그리고 여러분이 마녀로 몰아간 소피아는 죄가 없습니다. 의학에 뛰어날 뿐이라고요! 앞으로 하비 박사님과 함께 연구하도록 하세요."

하비와 소피아는 멍하니 고개를 끄덕였다. 초연은 슬그머니 일어나 달아나려는 재판관을 가리키며 한마디 덧붙였다.

"이단은 저 사람일걸요? 죄 없는 사람을 마녀로 몰잖아요!"

"야, 그만해!"

"타임머신 발동!"

지킬의 주문을 마지막으로 무지개가 펼쳐지며 셋을 감싸 안았다. 시공간이 휘어질 때, 지킬은 초연과 정호의 손을 꽉 잡고 있었다.

5장

완두콩 마니아
멘델에게 용기를

어지럼이 사라질 때까지 셋은 한동안 누워 있었다. 이제까지 다섯 번의 타임머신 이동이 있었지만 도착 후 어지럼증에는 적응할 수 없었다. 먼저 정신을 차린 초연과 정호가 일어섰다.

"이번엔 어디로 왔을까?"

"콩밭인데."

농담이 아니라 정말로 주변에 콩이 가득 열려 있었다. 지킬이 뒤늦게 일어나며 말했다.

"우히히, 맛있는 완두콩."

정호는 주변을 둘러보다가, 멀찍이 비닐하우스 뒤로 몸을 반쯤 숨긴 채 이쪽을 관찰하는 사람을 발견했다.

"초연아, 여기서 만날 과학자를 벌써 찾은 것 같아."

"어디어디?"

초연이 요란스럽게 주변을 살피자 숨어 있던 남자는 화들짝 놀라 비닐하우스 뒤로 사라져 버렸다. 그냥 놔두었더니 잠시 뒤 다시 얼굴을 빼서 이곳을 바라봤다.

"정호야. 이번 과학자는 조금 소심한 것 같은데?"

초연이 손을 높이 들고 흔들었다.

"아저씨, 나오세요. 우리는 나쁜 사람이 아니에요."

초연의 말에도 남자는 몸을 뺐다 숨겼다 하며 한참 고민하더니 결심이 섰는지 셋에게 다가왔다. 남자는 기름을 발라 가지런히 빗어 넘긴 머리에 동그란 안경, 목 끝까지 단추를 잠근 신부복에 커다란 십자가 목걸이를 걸고 있었다. 지킬이 손가락으로 남자를 가리키며 거침없이 말했다.

"우히히, 그레고어 멘델."

멘델은 완두콩을 이용하여 유전법칙을 발견한 과학자다. '멘델의 법칙'은 중학교 3학년 때 배우지만 초연, 정호도 워낙 많이 들어 봐서 이름은 알고 있었다.

자신의 이름이 불리자 남자의 동그란 안경 속 눈이 더욱 휘둥그레졌다.

"너, 너희는 누, 누구니?"

"우히히, 유전학의 아버지."

정호가 얼른 지킬의 입을 막았다. 그리고 초연이 레퍼토리대로 일행을 소개했다. 벌써 다섯 번째 여행이었으므로 둘은 쿵짝이 잘 맞았다.

"우리는 동양 사람이에요. 저는 윤초연이고요."

"멘델 아저씨 연구에 대한 소문을 듣고 왔어요. 제 이름은 이정호예요."

"근데 아저씨, 혹시 지금이 몇 년도인지 알 수 있을까요?"

멘델은 대사를 읊는 듯 말하는 초연, 정호와 하회탈처럼 웃고만 있는 지킬을 여전히 의심의 눈초리로 바라보며 말했다.

"지금은 1864년이란다."

정호가 한숨을 내쉬었다.

"휴~ 다행이다. 1600년대는 너무 어려웠어."

"1600년대라니 뭔 소리를 하는 거니?"

"아무것도 아니에요. 아저씨 여긴 어디예요? 우리가 며칠 쉬었다 갈 수 있을까요?"

멘델은 실실거리며 웃고 있는 지킬을 보며 말했다.

"이분이 너희 보호자니? 아까 말씀하시는 걸 보니 나를 잘 아는

것 같던데."

"이 할아버지도 과학자예요. 박사예요, 박사."

"근데 머리가 아파서 인지능력이 왔다 갔다 하는 상태예요."

초연과 정호의 쿵짝이 맞는 설명에 멘델은 마지못해 고개를 끄덕이고는 멀리 떨어진 건물을 가리켰다.

"그럼 일단 수도원으로 들어가자꾸나. 오스트리아제국의 아우구스티누스 수도원에 온 걸 환영한다. 난 수도사 멘델이란다. 마침 점심 식사 시간이 되었으니 먼저 식사를 하겠니?"

멘델의 안내에 따라 수도원 한쪽에 있는 식당 건물로 갔다. 멘델과 같은 복장의 수도사들이 삼삼오오 모여 식사를 하고 있었다. 식당 안에 있는 다른 수도사들을 본 멘델은 왠지 식당에 들어가기를 꺼리는 기색이었다. 멈칫거리는 멘델의 등을 초연이 떠밀었다.

"아저씨, 우리 배고파요. 어서 들어가요."

"어, 어, 그래? 가자."

일행이 식당으로 들어가자 수도사들의 시선이 일제히 쏠렸다. 낯선 복장의 동양인 소년, 소녀와 활짝 웃고 있는 노인이라니, 쳐다보지 않을 수 없을 것이다.

"얘들아. 여기 식판에 음식을 덜어 가져오거라. 박사님도 챙기고."

멘델은 본인에게 시선이 쏠리는 것이 힘든지 속삭이듯 빠르게 일러 주고는 혼자 음식을 덜러 갔다. 메뉴는 딱딱한 빵, 완두콩이 들어 있는 수프, 과일 몇 가지였다. 멘델은 음식을 담아 식당 구석에 있는 식탁에 앉았다. 수도사들이 자기들끼리 쑥덕거리고 실실 웃기도 하면서 멘델 쪽을 건너다보았다. 한 수도사는 완두콩이 들어 있는 수프를 스푼으로 휘저으며 큰 소리로 비꼬았다.

"멘델 수도사님 덕에 매일 완두콩 수프를 먹고 있네."

"그래도 완두를 키우니 다행 아닌가? 연구한다고 파리를 키웠으면 어떡할 뻔했어~"

식당 안의 수도사들이 다 같이 크게 웃었다. 오늘 처음 본 사람들이었지만 초연과 정호에게는 매우 익숙한 장면이었다. 학교에서 종종 벌어지는 일과 다르지 않았다. 음식을 담고 있던 초연이 정호에게 귓속말로 속삭였다.

"정호야. 저 아저씨 왕따인가 봐."

"우히히, 왕따."

"옛날 어른들도 이러고 있네. 정말 한심해."

세 사람은 멘델이 앉은 구석 식탁에 가서 함께 앉았다. 초연은 딱딱한 빵을 완두콩 수프에 찍어 입에 넣었다. 입자가 거친 빵이었지만 부드럽고 짭짤한 스프에 찍으니 먹을 만했다. 초연은 엄지

로 어깨 너머의 수도사들을 가리켰다.

"이번에 해결해야 할 문제는 저건가 보다."

타임머신으로 이동할 때마다 역사적인 과학자를 만났다. 그 과학자와 함께 어떤 문제를 해결하면 타임머신 에너지가 충전되곤 했다. 대체 몇 번을 이동해야 집으로 돌아갈 수 있는지는 알 길이 없었지만, 초연도 정호도 어느새 바로 여기의 문제에 집중하고 있었다. 두 사람이 빵을 먹으며 자꾸 주위를 둘러보자 멘델이 손사래를 치며 속삭였다.

"애들아, 다른 수도사들 보지 말고 어서 먹기나 하렴. 괜히 시비가 붙을 수도 있어."

초연과 정호는 이제 멘델의 성격을 확실히 알 것 같았다. 하지만 둘이 조용히 있으려고 해도 다른 수도사들은 빈정거림을 멈추지 않았다.

"허구한 날 완두콩 가지고 씨름하더니, 이제는 동양 애들에 노인까지 데리고 왔네."

"완두콩으로 안 되니 동양 사람으로 마법이라도 부리려나 봐."

식당은 다시 비웃음으로 가득 찼다.

"신경 쓰지 말고 어서 먹거라."

매일 겪는 일인지 멘델은 대응하지 않고 완두콩 수프만 떠먹었다. 초연은 스푼을 식탁에 탁 소리가 나게 내려놓고는 자리에서 일어났다. 정호가 놀라 초연의 팔을 잡았다. 초연의 다혈질 성격 때문에 지난 여행에서 목숨을 잃을 뻔한 적도 있었다. 하지만 지금 초연의 얼굴을 보니 전혀 흥분한 기색이 아니었다. 여행을 거듭하며 정호가 조금씩 과감해지는 것처럼, 초연은 반대로 조금씩 차분해지고 있었다.

"아저씨들이 그렇게 비웃는 멘델 아저씨는 제가 살고 있는 동양에서도 유명하다고요. 당신들과는 차원이 다른 연구자라고욧!"

"이 계집애가!"

한 수도사가 화를 벌컥 내며 자리에서 일어났다. 덩치가 컸고 역삼각형 얼굴에 날카로운 눈이 깊게 패여 있었다. 멘델을 비꼬는 말을 처음 시작한 수도사였다. 동료 수도사들의 대장쯤 되는 자일 것이다. 멘델이 급히 자리에서 일어나 쭈뼛거리며 말했다.

"시르저, 미안하네. 내 어서 식사하고 나가겠네."

"넌 가만히 있어."

시르저는 초연에게 다가와 얼굴을 들이밀며 을러대듯 말했다.

"저 녀석은 수도를 해도 모자랄 시간에 엉뚱한 연구를 하고 있다고! 유전자가 어쩌고저쩌고. 너희 '혼합 유전'이라고 들어는 봤냐? 자식이 부모 특성을 반반씩 섞어서 물려받는 게 당연한데 거

기에 딴지를 걸다니! 키 큰 아빠랑 키 작은 엄마가 애를 낳으면 중간 키 아이가 나올 게 뻔하잖아!"

초연은 흥분하지 않고 침착한 목소리로 대꾸했다.

"그래요? 과학을 논하자고요? 좋아요. 시르저 아저씨께 질문 하나 드리죠. 태양이 지구 둘레를 도나요? 지구가 태양 둘레를 도나요?"

시르저는 별 시답지 않은 질문을 한다는 듯 어깨를 으쓱하며 말했다.

"그 정도는 상식이지. 지구가 태양을 돈단다."

예상대로의 답변에 초연은 씨익 미소를 지었다.

"하지만 1600년대까지도 태양이 지구를 돈다고 믿었죠. 위대한 과학자 갈릴레이가 망원경으로 금성의 상변화를 관찰해 증명하기 전까지 말예요."

"그, 그건…"

정호가 초연을 도우러 옆으로 왔다.

"아마 심장을 중심으로 혈액이 순환한다는 게 밝혀진 지도 200년 정도밖에 안 됐을걸? 그걸 증명한 위대한 과학자가 윌리엄 하비 박사였지?"

초연이 뒤에 숨어 있는 멘델을 가리켰다.

"멘델 아저씨는 갈릴레이나 하비 박사처럼 위대한 연구를 하고 있는 거라고요. 시르저 아저씨, 이해하시겠어요?"

반박할 수 없는 초연과 정호의 말에 말문이 막혀 식당 안의 누구도 대꾸하지 못했다. 멘델은 둘이 자신을 치켜세우자 얼굴이 새빨갛게 변했다.

"초, 초연 양. 나, 난 아직 연구가 끝나지 않았다고."

당황하는 멘델을 본 시르저가 기회를 놓치지 않고 몰아붙였다.

"이 완두콩 집착남이 천 년 넘게 굳건했던 이론을 무너뜨린다고?"

수도사들이 다시 웃음을 터뜨렸다. 초연은 화가 났지만 아직 학교에서 유전에 대해 배우지 않았기 때문에 반박할 말이 없었다. 시르저는 동료들의 웃음에 자신감을 얻었는지 다시 연설하듯 말했다.

"여러분. 갈릴레이는 망원경으로 목성의 위성이나 금성의 상변화를 직접 확인시켜 줬어요. 멘델, 당신은 어떡할 거죠? 유전자를 어떻게 보여 줄 거냔 말입니다."

초연이 정호에게 귓속말로 물었다.

"정호야. 너도 모르지?"

"현미경으로 염색체를 보면 될 텐데…. 하지만 아직 그 시대는

멀었을 거야."

"으… 지킬 할아버지도 저 상태니…."

그때 멘델의 주먹 쥔 두 손이 부르르 떨리기 시작했다. 두 사람이 처음 보는 자신을 위해 열심히 싸워 주는 모습에 마음이 움직인 것 같았다. 멘델이 목소리를 쥐어짜내 외쳤다.

"수학! 수학으로 증명해 보이겠어!"

시르저가 코웃음 치며 멘델에게 말했다.

"너 뭐라고 했니?"

"수학으로 유전자의 존재를 증명해 보이겠다고!"

"유전이랑 수학이랑 뭔 상관이야? 그리고 네가 뭐 수학자라도 돼?"

"난 대학에서 수학을 전공했어. 수학이라는 언어로 과학을 증명할 수 있다고."

"이상한 친구들 몇 명 데리고 오더니 아주 간덩이가 부었구나?"

그때 식당 안에 중후한 목소리가 울려 퍼졌다.

"학술 발표회에서 증명하거라."

식당 안 모든 이의 시선이 입구에 선 남자에게 쏠렸다. 두둑한 배를 여유롭게 내민 백발의 노인이었다. 수도사들이 모두 손을 모으고 고개를 숙였다.

"대수도원장님."

대수도원장은 수도원의 총책임자, 학교로 따지면 교장 선생님 같은 존재인 모양이었다. 대수도원장은 안으로 걸어 들어와 지킬, 초연, 정호의 얼굴을 차례차례 바라보았다.

"멀리서 온 손님들도 있는데 이런 무례를 보이다니. 내 대신 사과하네."

대수도원장은 멘델과 시르저를 번갈아 보며 좀 더 엄격한 목소리로 말했다.

"이틀 후 멘델이 유전에 대한 학술 발표를 하기로 했지. 그때 네 이론을 증명해 보거라."

멘델은 허리를 깊숙이 숙였다.

"네, 대수도원장님."

"시르저 자네도 공부를 좀 하는 게 좋을 거야. 멘델의 발표를 논리적으로 반박하란 말이다."

시르저도 허리를 깊이 숙이며 대답했다.

"보다시피 난 늙었네. 이제 은퇴할 때가 됐어. 우리 수도원의 명성을 이어 나갈 사람에게 이 자리를 물려줘야겠지."

대수도원장은 거기까지만 말했지만 이번 학술 발표회에서 후계자를 결정하겠다는 얘기나 다름없었다. 시르저의 눈빛이 반짝 빛났다.

"그럼 이틀 후 보세나."

대수도원장이 나가자 의지를 활활 불태우는 듯한 시르저가 뒤를 따라나섰다. 모든 수도사가 따라 나간 후 식당에는 멘델과 지킬 일행만 남았다. 멘델은 긴장이 풀렸는지 의자에 털썩 주저앉고 말았다.

"큰일이야. 난 학술 발표회에서 창피를 당하고 수도원에서 쫓겨나듯 도망가겠지."

역사에 남은 위대한 과학자가 왜 이 모양이란 말인가? 심지어 정호보다 더 소심한 것 같다고 느끼며 초연이 한마디 했다.

"아저씨, 왜 이렇게 소심하세요? 계속 그런 태도로 대하니 저들도 무시하는 거라고요."

"내 성격이 이런 걸 어떡하니?"

"초연아. 너무 그러지 마. 다들 너처럼 돌진할 수 있는 건 아니야. 아마 멘델 아저씨는 꼼꼼한 성격이라 위대한 연구를 할 수 있었을, 아니 있을 거야."

정호의 위로에도 멘델은 학술 발표회 걱정에 머리를 쥐어뜯었다. 초연이 멘델의 팔을 붙잡고 일으켰다.

"어서 일어나세요. 우리가 도울 테니 어서 유전 연구를 마무리하자고요."

"초연 양, 사실 연구는 이미 마무리되었어."

"그럼 도대체 뭐가 문제예옷?"

"사람들의 비난이 두렵단 말이야."

초연이 손으로 이마를 짚었다. 차라리 지식이 부족해서라면 돕겠는데, 이건 보통 심각한 문제가 아니었다.

"난 도저히 안 되겠어. 정호야, 비슷한 네가 나서 봐라."

정호는 아까 "수학으로!"라고 자신 있게 외치던 멘델의 모습이 떠올랐다. 수학이 멘델의 '용기 버튼'일지도 몰랐다.

"멘델 아저씨! 아까 수학 얘기를 하셨잖아요?"

"그래. 난 수학이 좋아. 대학에서 과학보다 수학 성적이 더 좋았다고."

수학 이야기를 하는 동안에 멘델의 표정이 점차 부드럽게 풀어졌다.

"위대한 과학자 뉴턴도 자연의 이치를 수학으로 풀었잖아. 나도 수학으로 유전을 풀 수 있을 거라 생각했어."

"그러니까 수학만 생각하면 힘이 난다는 거죠?"

"그렇지. 수학은 완벽하니까."

"그럼 됐네요. 마침 우리도 수학을 조금 공부했거든요. 우리가 도울 테니 수학의 힘으로 저 아저씨들에게 유전학을 알려 주자고요."

"좋아!"

"초연이와 저에게 아저씨가 연구한 결과를 설명해 주세요. 우리가 이해한다면 다른 사람들이 이해하는 데도 문제없을 거예요."

"그래. 지금은 수도원 일이 있으니 내일 오전에 내 연구실에서 보자."

"초연아, 정호야. 일어나라, 애들아. 여긴 어디고 누굴 만났냐?"

지킬의 얼굴에는 온화한 주름이 가득했다. 그렇다면 하회탈 지킬의 상태라는 뜻인데, 희한하게도 하이드 상태에서 쓸 법한 긴 문장을 말했다. 초연은 눈을 비비며 지킬에게 물었다.

"지금은 어떤 할아버지인가요?"

"나야 나, 지킬 할아버지. 매일 보면서도 모르냐?"

"글쎄요. 이제 좀 헷갈리기 시작하네요. 여기는 멘델이 머물고 있는 수도원이에요."

지킬의 눈썹이 위로 올라갔다.

"오호! 그레고어 멘델. 유전자의 존재를 최초로 증명한 과학자! 완두를 이용해 멘델의 법칙을 발표하지."

"네네, 그런데 증명이 문제가 아니에요. 멘델 아저씨는 연구가 이미 끝났는데도 소심해서인지 꼼꼼해서인지 하여간 발표를 망설이고 있다고요."

지킬이 납득한 표정으로 고개를 끄덕였다. 멘델은 유전법칙을 증명하고 나서도 학자들의 비난이 심해지자 자신의 의견을 계속 주장하지 못했다. 그 바람에 그의 논문은 무려 30년이 넘게 지나서야 빛을 보게 됐다. 사연을 들은 초연이 혀를 찼다.

"아이고야. 당장 내일 학술 발표회에서 진다면 중학교 교과서에서 멘델이 사라질 거라고요."

그때 방에 노크 소리가 나더니 멘델이 살며시 들어왔다.

"손님들, 편안함 밤 보내셨나요? 어서 아침 식사 하고 제 연구를 들어 주셔야죠."

지킬이 멘델에게 달려갔다.

"오! 멘델 박사. 만나 보고 싶었소. 완두를 7년이나 키우다니 정말 대단한 노력이오."

멘델은 지킬과 악수를 나누며 어리둥절해 물었다.

"오늘은 말씀을 잘하시네요? 근데 제가 완두를 7년 키운 것을 어떻게 아셨죠?"

초연이 지킬을 보며 손으로 입에 지퍼를 채우는 시늉을 해 보였다.

"아! 시르저가 떠들었나 보군요. 아무튼 지킬 박사님도 과학자라고 들었는데 제 연구 좀 봐 주십시오."

넷은 먼저 식사를 하러 갔다. 오늘도 어제와 마찬가지로 딱딱한 빵에, 부드러운 고기 수프, 채소 몇 가지가 나왔다. 수도사들은 어제보다는 자제했지만 오늘도 그들을 힐끔거리며 야릇한 미소를 지었다. 시르저는 어차피 내일 멘델의 코를 꺾으리라는 자신만만한 표정이었다. 멘델은 식당의 기운에 또다시 기가 꺾여 어깨가 축 처지고 말았다.

"멘델 아저씨, 걱정 마세요."

누구보다 멘델을 이해하는 정호가 조용히 말했다.

"그래…. 다 먹었으면 어서 일어서자."

멘델을 따라가자 정원에 지어진 비닐하우스와 연구실이 나타났다. 대수도원장은 멘델의 비범함을 눈치챘는지 이렇게 독립된 공간에서 완두를 키우도록 허락한 것이다. 동료 수도사들이 시기하는 것도 어쩌면 당연할지 몰랐다.

연구실 안은 매우 어지러웠다. 많은 그릇에 완두콩들이 종류별로 나뉘어 담겨 있었다. 노란색 완두콩, 초록색 완두콩, 둥근 모양 완두콩, 주름진 모양 완두콩…. 구석에는 완두콩 자루, 완두콩 깍지들이나 깍지를 까지 않은 완두가 뿌리째 쌓여 있기도 했다. 벽면의 칠판에는 복잡한 수학식과 기호들이 어지럽게 쓰여 있었다.

멘델은 서둘러 칠판 앞을 정리하고는 의자 세 개를 나란히 놓았다. 세 사람이 의자에 앉자 멘델은 선생님처럼 칠판에 '유전자'라고 적었다. 용기를 찾았는지 칠판 앞에 선 멘델의 눈에서 전보다 힘이 느껴졌다.

"지금까지 유전학에서는 부모의 특징이 반반씩 섞여서 중간 형태로 자식에게 나타난다고 보는 '혼합 가설'이 오랫동안 정설로 알려져 있었습니다. 저는 이에 반대하여 '입자 가설'을 주장하려고 합니다. 제가 무려 7년 동안 완두를 키우며 발견한 사실은, 완두의 특징, 예를 들면 완두콩의 색깔이 항상 일정한 비율로 나온다는 겁니다. 그 이유는 단 하나죠. 수학은 거짓말을 하지 않으니 한 가지 결론에 도달할 수밖에 없습니다."

멘델은 목이 타는지 물을 한 모금 마시고는 말을 이었다.

"유전을 일으키는 물질인 유전자가 존재한다, 이 유전자는 쌍으

로 존재하는데, 자식에게 전달될 때는 쌍으로 있는 유전자가 분리되어 그중 하나만 전달된다는 것입니다."

이어 멘델은 칠판에 완두를 그리기 시작했다. 지킬이 멘델에게 들리지 않을 만큼 작은 목소리로 말했다.

"얘들아. 멘델이 얼마나 대단한 예견을 했는지 아니? 유전자가 쌍으로 존재한다는 것은 핵 속의 염색체가 쌍으로 들어 있다는 상동염색체를 말하는 것이고, 유전자가 분리된다는 것은 생식세포를 만들 때 쌍인 염색체가 분리된다는 감수분열을 말하는 거란다."

초연이 인상을 찌푸리며 헛기침을 했다.

"으흠. 아주 조금 어렵네요. 정호야, 우리가 3학년이 되면 저런 걸 배워야 한다고?"

"안타깝지만 그렇대. 세포분열부터 유전법칙까지 모두 배워."

"휴. 대한민국으로 돌아가는 게 과연 현명한 일일까?"

"초연아, 불길한 소리 하지 마."

복잡한 그림들을 한참 그린 멘델이 박수를 짝짝 쳤다. 초연과 정호는 다시 칠판에 집중했다.

"저는 생물이 가진 특징을 형질이라고 부르겠어요. 완두의 일곱 가지 형질을 가지고 이들을 교배하여 자손의 숫자를 세어 봤더니 모두 같은 결과가 나왔습니다. 모든 형질이 2세대에서 3:1의 비

율을 보였어요. 이건 절대 우연일 수 없습니다."

그 이후로도 멘델은 자신이 발견한 유전법칙들을 열정적으로 강의했다. 최종적으로 우열의 법칙, 분리의 법칙, 독립의 법칙, 이렇게 세 가지로 결론을 냈다. 아직 유전법칙을 배우지 않은 초연과 정호도 대략 이해할 수 있을 만큼 쉬운 설명이었다. 지킬도 고개를 끄덕이며 그 정도면 충분하다고 격려했다.

"멘델 아저씨, 내일도 지금과 똑같이 발표하시면 되는 거예요."

"그래, 고맙다."

다음 날 큰 강당에서 학술 발표회가 열렸다. 멘델과 지킬 일행은 예상보다 훨씬 큰 규모에 압도됐다. 대수도원장의 초대로 수도원의 모든 수도사뿐 아니라 도시의 유명한 과학자들까지 참석했기 때문이다. 발표를 앞둔 멘델은 다리를 덜덜 떨긴 했지만 그 와중에도 수학을 생각하는지 눈빛만은 어제처럼 또렷하게 빛났다. 멘델은 연습했던 그대로 '유전자'를 칠판에 쓰는 것으로 학술 발표를 시작했다. 초연과 정호는 맨 앞에 앉아서 '아~', '세상에!' 같은 감탄사를 연발하며 응원을 보냈다. 지금까지 어떤 수업도 그렇게 열심히 들은 일이 없었다. 그런데 지킬은 발표가 마무리될 때쯤 몸이 너무 피곤하다며 먼저 강당을 나갔다.

드디어 모든 발표가 끝나고 질의응답 시간이 되었다. 대체로 비판이 많았지만 멘델은 수학을 이용하여 반박할 수 있었다. 시르저는 이대로 가다간 대수도원장 자리를 빼앗길지 모른다는 불안감에 날카로운 질문들을 계속해서 던졌다.

"멘델 수도사, 지금까지 수학적인 증명을 하기 위해서 자네는 두 가지 가정을 했네. 첫째는 유전자가 쌍으로 있는 것이고, 둘째는 자손에게 전달될 때는 이것이 분리되어 하나만 전달된다는 것이지. 맞나?"

멘델은 긴장한 채 고개를 끄덕였다.

"그건 자네의 숫자 놀음을 위한 가정 아닌가? 아니면 완두에서만 그렇든지 말이야. 다른 모든 생물로 실험해 본 것은 아니잖아?"

멘델의 약점이 드러나는 순간이었다. '사실은 모두 가정이다, 우연일 뿐이다.'라는 말을 이 시대의 과학기술로는 반박할 수 없었다.

"우리는 자네가 말하는 그 유전자라는 걸 수학적으로 말고 직접 눈으로 확인하고 싶단 말이네. 자손에게 전달한다면, 눈에 보

여야 할 것 아닌가?"

멘델의 얼굴이 서서히 붉어졌다. 다시 자신감 없는 멘델로 돌아가려 하고 있었다. 이대로 지는 건가 싶어 초연이 나서려던 찰나, 멘델의 얼굴이 갑자기 밝아졌다. 그는 시르저를 향해 말했다.

"자네는 완두의 꽃에 암술과 수술이 있는 것을 아는가?"

"알고 있네."

"수술에서 꽃가루가 만들어져 암술머리에 앉으면 완두콩이 만들어지지. 물론 사람도 마찬가지야. 남성에게서 정자가 만들어져 여성 몸속의 난자를 만나면 수정이 이루어지지. 이것이 자손에게 전달되는 유전자라네. 모든 동물에게 암수가 있는 것을 자네는 반박할 텐가?"

시르저는 갑자기 달변가로 바뀐 멘델을 보고 당황해서 외쳤다.

"꽃가루가 유전자라고 우기지 말고, 뭔가를 정확히 보여 달란 말이야."

멘델은 잠시 뜸을 들이다가 말을 이었다.

"현미경으로 증명할 수 있네. 현미경은 눈에 보이지 않는 작은 것까지 확대하여 보여 주지."

"또 헛소리. 그런 물건이 어디 있단 말인가?"

그때 대수도원장의 초청으로 멀리 해외에서 온 과학자가 손을 들고 말했다.

"멘델 수도사의 말에 일리가 있소. 독일과 프랑스, 영국에서는 현미경 기술이 급속도로 발전해 많은 것을 연구하는 중이오."

멘델은 그의 말에 힘입어 덧붙였다.

"현미경은 네덜란드의 얀센 부자에 의해 1590년에 처음 개발되었습니다. 영국의 로버트 훅은 1665년에 자신이 개량한 현미경으로 코르크에서 세포를 발견했고요. 그리고 1839년 슐라이덴이 식물세포설, 슈반이 동물세포설을 발표했습니다. 식물의 꽃가루, 사람의 정자도 세포로 이루어졌음을 밝힌 거죠. 이 세포에 제가 말하는 유전자가 들어 있는 겁니다. 그래서 자손으로 전달될 수 있죠."

시르저는 멘델의 거침없는 설명을 듣고만 있었다. 첨단 연구 기구인 현미경에 대해서도 잘 몰랐으니 부끄러워서 더는 논박할 수 없었다. 시르저는 의자에 털썩 주저앉고 말았다. 하지만 초청받은 과학자들은 승복하지 않았다. 현미경을 직접 사용해 봤다는 과학자가 일어서 질문했다.

"그러니까 멘델 수도사께서는 현미경을 이용해 그 유전자라는 걸 직접 봤다는 말씀입니까?"

"아, 아닙니다. 저는 수학으로 이를 증명했을 뿐입니다. 곧 현미

경을 연구하는 과학자들이 세포에서 유전자를 발견할 것입니다."

"좋아요. 그건 그렇다고 칩시다. 그럼 멘델 수도사께서는 사람도 유전자에 의해 유전된다는 주장을 하시는 거죠?"

"그렇습니다. 모든 생명체의 형질은 유전자를 통해 유전됩니다."

"그럼 사람의 피부색은 어떻게 설명할 것입니까? 저는 흑인과 백인이 결혼해서 그 중간쯤의 갈색 피부를 가진 자식을 낳은 것을 여러 번 보았어요. 이건 혼합 유전으로만 설명되지 않습니까?"

지켜보는 초연과 정호는 조마조마했다. 멘델은 이제 유전자 연구에 첫 발걸음을 내디뎠을 뿐이었다. 현대의 유전학까지는 설명하지 못할 것이다. 하지만 멘델은 뭔가 귀 기울여 듣는 듯하더니 침착하게 말했다.

"박사님은 흑인 중에 피부색이 하얀 경우를 보았습니까? 알비노라고 하지요. 이 증상은 동물들에게서도 발견됩니다. 흰까마귀, 백사자, 백사 등이 그 예죠."

"보았습니다. 하지만 그게 지금 논의랑 무슨 관계가 있죠?"

"혼합 유전이 맞다면 절대 있을 수 없는 일이니까요. 이런 가정을 해 보면 어떨까요? 검정색을 만드는 유전자가 따로 있다, 그런데 이게 어떤 이유에서 고장이 나는 겁니다. 그렇다면 검정 색소를 만들지 못하니 사람이건 동물이건 흰색이 되는 거예요."

이제 멘델의 눈에는 확신이 가득 차 있었다. 질문 공세를 했던 과학자도 고개를 끄덕였다.

"음…. 확실히 후속 연구를 해 볼 만한 훌륭한 연구네요. 당신의 논문 제목이 뭐죠?"

"'식물 잡종에 관한 실험'입니다."

"당신은 정식 학자가 아니지만 논문은 훌륭하군요. 내가 당신 논문을 자연과학협회에서 발표할 수 있도록 주선하겠습니다."

"정말요? 감사합니다. 감사해요."

대수도원장이 일어서 박수를 쳤다. 그러자 숨죽이고 있던 강당의 모든 사람이 따라서 박수를 치며 환호를 보냈다. 초연과 정호도 멘델에게 다가가 축하를 건넸다.

"성공이네요, 멘델 아저씨! 자연과학협회에서도 지금처럼 발표하시면 될 거예요."

"언제 그런 최신 과학까지 다 공부하셨어요? 애초에 걱정할 게 하나도 없었는데요! 시르저 아저씨는 발표가 끝나기도 전에 밖으로 내빼더라고요."

하지만 멘델은 마냥 기뻐하지 않고 누군가를 찾는 듯 주변을 두리번거렸다.

"얘들아, 지킬 박사님은 어디 가셨니?"

"할아버지는 힘들다고 방에 가서 먼저 쉰다고 하셨어요. 너무 서운해하지는 마세요."

"아니다. 이 모든 건 지킬 박사님이 알려 주신 거야. 내가 질문에 대답하지 못할 때마다 강단 커튼 뒤에서 '현미경, 알비노' 하면서 힌트를 주셨단다. 너희 할아버지야말로 정말 천재인 것 같다."

초연과 정호는 눈빛을 교환하며 큭큭 웃었다. 처음 파스퇴르를 만날 때만 해도 역사를 바꾸면 안 된다고 그렇게 역정을 내더니 이제는 본인이 대놓고 가르쳐 주고 있었다. 그때 지킬이 강당 안으로 들어왔다. 멘델이 달려가 지킬의 두 손을 잡았다.

"지킬 박사님, 대단하십니다. 여기에 더 머물면서 생물학에 대해 가르침을 주십시오."

"허허, 난 그저 멘델 수도사께서 말한 유전자가 진짜 있다면 어떨까 상상해서 좀 거든 것뿐이오."

"아니에요. 지킬 박사님은 뉴턴보다도 뛰어난 과학자예요."

초연이 어이없다는 표정으로 뭔가 말하려 했지만 정호가 팔꿈치로 찌르며 말렸다. 그때 대수도원장이 멘델을 부르는 소리가 들렸다. 멘델은 잠시 후 다시 보자며 대수도원장에게로 갔다. 초연이 지킬에게 웃으며 말했다.

"아이고, 여기 남아서 뉴턴보다 위대한 과학자로 살면 되겠네요."

"허허허, 초연이 너는 왕따당하는 멘델이 불쌍하지 않던?"

"그건 그거고요. 역사는 어떡할 거죠? 과학 교과서에 유전학의
아버지 지킬 박사, 지킬의 법칙, 이렇게 나오면 어쩌려고 그래요."

"걱정할 필요 없단다. 멘델은 자연과학협회에서 논문을 발표하
지만 거센 저항을 받아 더 이상 연구를 하지 않는단다. 차기 대수
도원장이 되어 과학자가 아니라 성직자의 길을 걷게 되지. 인류
과학 발전에 큰 손실이긴 하지만, 사실 멘델에게는 어느 쪽이 더
행복한 삶인지 알 수 없는 거 아니겠니?"

멀리서 대수도원장이 멘델의 어깨를 두드리고 있는 것이 보였
다. 지킬이 개입하긴 했지만 역사가 크게 바뀌지는 않을 것 같았
다. 지킬이 가슴속에서 타임머신 목걸이를 꺼냈다. 수정이 또다시
녹색으로 빛나고 있었다.

"자, 이제 떠나야지?"

"잠깐만요."

정호가 지킬을 막았다. 언제까지나 집에 돌아가지 못하고 계속
역사 속을 떠돌 수는 없었다.

"할아버지. 그냥 떠난다면 또 다른 곳으로 갈 뿐이에요. 이제 타
임머신에 대해 꽤 많은 것을 알았으니 우리 가기 전에 한번 추론

해 봐요. 정말로 타임머신 작동 원리를 전혀 모르시겠어요?"

"정말 모른단다. 하지만 머릿속에 뭔가 계속 떠오르는 게 있었어. 그 바보 영감탱이의 기억인 거 같지만."

여행을 거듭하면서 지킬의 나뉘었던 인격이 서서히 하나로 합쳐지는 듯했다.

"자세한 건 모르겠지만, 어떤 여인의 얼굴이 자꾸 떠오른단다."

"헐?"

"자자, 할아버지, 일단 가 봐야 아는 거니까요. 그분 얼굴을 떠올리며 타임머신을 발동해 보세요."

지킬이 눈을 감고 여인의 얼굴을 떠올렸다. 시공간이 휘어지며 무지갯빛이 셋을 집어삼켰다.

6장

고양이 부적을 이긴
김점동의 의술

축축한 흙바닥에서 눈을 떴을 때 익숙한 풍경이 눈에 들어왔다. 초가집과 기와집…

"와, 민속촌이다! 제대로 왔어!"

정호가 기뻐서 소리를 지르자 초연도 깨어났다. 정호 말대로 드디어 대한민국인 것 같았다. 하지만 현장학습 때 보았던 민속촌하고는 어딘가 느낌이 달랐다. 초연은 아직 눈을 감고 누워 있는 지킬의 어깨를 흔들어 깨웠다.

"지킬 할아버지? 정신 차리세요! 할아버지, 지금 누구예요? 지킬 박사? 아니면 하이드?"

지킬이 갑자기 눈을 부릅뜨며 소리를 질렀다.

"이놈! 어흥!"

초연이 놀라 엉덩방아를 찧었다. 지킬이 일어나서 주저앉은 초연의 손을 잡아 일으켰다.

"이번에는 느낌이 좋은걸. 왠지 마지막 여행이 될 것 같아."

"끝난 게 아니고요?"

주변을 두리번거렸지만 바깥에 사람은 보이지 않았다.

"일단 거리로 나가 보자."

샛길로 빠져나가 큰길로 접어들자 지나다니는 사람들이 보였다. 머리를 길게 땋고 색동저고리를 입은 어린아이가 세 사람의 차림새를 보고 키득거리며 지나갔다. 양복을 입은 사람도 간혹 있었지만 대부분은 조선 시대처럼 하얀 한복을 입고 있었다.

"할아버지, 우리나라가 맞는 것 같긴 하네요."

주변을 둘러보느라 정신이 없던 지킬이 꿈을 꾸는 듯 읊조렸다.

"드디어 고향에 돌아왔어…."

그때 정호가 멀리 뭔가를 발견하고 외쳤다.

"저기 좀 봐! 궁궐인 것 같아."

"가 보자. 할아버지, 우리 저기로 가 봐요. 저런 데 가야 과학자를 만나지 않을까요?"

궁궐 근처로 다가갈수록 초가집보다 기와집이 많아졌다. 신식으로 지은 양옥집들도 간혹 보였고, 서양 사람도 눈에 띄었다. 궁궐 담을 따라 한참 이동하자 으리으리한 입구가 보였다. 수문장들이 창을 들고 입구 양쪽에 서 있었다. 초연이 말했다.

"여기 설마 드라마 세트장은 아니겠지?"

그때까지도 계속 멍한 눈빛으로 주변을 둘러보고 있던 지킬이 말했다.

"덕수궁."

"네?"

지킬은 궁궐 입구에 붙어 있는 현판을 가리켰다.

"이 궁궐의 이름이 덕수궁이라고 쓰여 있어."

"오, 서울이구나! 나 덕수궁 가 봤는데!"

"덕수궁은 고종 황제 때 붙여진 이름이야. 지금은 조선을 계승한 대한제국 시절일 거다. 타임머신이 제대로 작동한 것 같구나. 날 따라와라."

초연이 앞서 걷기 시작하는 지킬의 뒤에 대고 소리쳤다.

"할아버지, 뭐가 뭔지 알려는 주셔야죠?"

"일단 따라와. 마지막 미션을 해결해야지."

지킬을 따라 도착한 곳에는 돌담 위 기와집이 양옆으로 길게 이어져 있었다.

"여기는 이화학당이란다. 외국 선교사가 지은 우리나라 최초의 사립 여학교지."

초연과 정호도 이화학당이 지금의 이화여대가 되었다는 걸 역사 시간에 배운 기억이 났다. 학교니까 한참 수업이 진행 중일 것이었다. 셋은 수업이 다 끝날 때까지 기다려 보기로 했다. 조금 떨어진 큰 나무 뒤에 숨어서 지킬은 초조하게 입구 쪽을 살폈다. 해가 서쪽으로 넘어가자 한복을 입고 머리를 땋은 여학생들이 문으로 나오기 시작했다. 지킬은 학생들의 얼굴을 이리저리 살폈지만 모든 학생이 다 나올 때까지도 원하는 얼굴을 찾지 못한 것 같았다. 이윽고 해가 기울어 사위가 어두워졌다. 초연과 정호는 아무것도 모른 채 기다리느라 지쳐 볼멘소리를 했다.

"지킬 할아버지. 지금 누구를 기다리는 건가요?"

"왜 왔는지 알려는 주셔야죠!"

지킬은 여전히 대답이 없었다. 그때 이화학당에서 한 여인이 혼자 걸어 나왔다.

"흡! 차, 찾았다."

여인을 발견한 지킬은 오른손으로 가슴을 누르며 가쁜 숨을 내쉬었다. 검붉은 얼굴이 긴장으로 허옇게 변했다. 여인은 파란 물방울무늬 원피스에 파란 구두, 손에는 하얀 가죽 가방을 들고 있었다. 학생들과는 매우 다른 복장이었다. 정호가 여인과 지킬의 얼굴을 번갈아 보면서 말했다.

"지킬 할아버지 기억 속에 있는 아줌마예요?"

"그렇단다."

여인이 멀어지려고 하는데, 지킬은 안절부절못하며 다가가지 못했다. 초연이 얼른 소리쳤다.

"아줌마!"

여인이 가던 길을 멈추고 뒤를 돌아보았다.

"날 불렀니? 콜록. 콜록."

여인이 세 사람을 관찰하며 다가오자 지킬은 정호 뒤에 몸을 숨겼다.

"여러분 옷차림이 신선하군요. 최신 의복인가 봐요. 콜록."

여인은 말을 하면서도 계속 기침했다. 몸이 마르고 얼굴이 허옇게 떠서 건강이 좋지 않아 보였다.

"아, 안녕하세요. 저희는 그러니까 저 멀리 인천에서 온 윤초연, 이정호, 그리고 지킬 할아버지예요."

여인은 살갑게 미소 지으며 초연의 손을 잡았다.

"그래, 반갑구나. 난 여기 이화학당 안에 있는 보구여관의 의사 김점동이라고 한단다. 영어 이름은 박에스더야. 어디가 아파서 나

를 찾아왔니?"

초연은 정호에게 박에스더를 아느냐고 눈짓했다. 정호도 모르는 눈치였다. 지킬이 나서서 설명해 줄 차례였지만 정신이 나간 사람처럼 점동을 바라보고만 있을 뿐이었다. 지킬의 머릿속에서 과거 점동과의 만남이 영화처럼 흘러가는 것 같았다.

"아줌마, 이상한 질문이겠지만, 혹시 지금이 몇 년도인지 아세요?"

"호호, 내가 외국에서 왔다고 연도를 모를까 봐? 지금은 1902년 이지. 콜록콜록."

"근데 어디 아프세요? 왜 이렇게 기침을 하세요?"

"폐병에 걸렸단다. 콜록. 의사인 내가 병에 걸리다니 웃기지? 콜록."

폐병이라면 폐결핵이다. 초연과 정호는 결핵에 걸린 사람을 실제로 보지는 못했지만, 매년 학교에서 결핵 환자를 돕는 크리스마스 씰을 팔기 때문에 병에 대해 알고 있었다. 두 사람은 자기도 모르게 뒤로 물러나며 팔로 입과 코를 가렸다.

"앗, 죄, 죄송해요."

"괜찮다. 콜록. 너희가 잘하고 있는 거야. 병에 안 걸리려면 위생에 신경 써야지."

점동이 손목시계를 보더니 가던 길 쪽으로 시선을 돌렸다.

"난 왕진이 있어서 가 봐야 한다. 급한 환자가 있다고 해서."

점동은 초연과 정호, 그리고 여전히 얼어 있는 지킬의 얼굴을 한 번씩 보고는 돌아섰다. 지킬이 다급히 소리쳤다.

"기다리겠습니다, 선생님!"

점동이 '선생님' 소리에 멈춰 돌아보았다.

"저에게 용무가 있으신가요? 괜찮으시면 지금 같이 가실까요."

왕진을 간 곳은 덕수궁에서 그리 멀지 않았다. 기와집과 초가집 십여 가구가 모여 있는 작은 마을이었다. 마을 입구에서 두 번째 초가집 마당에 한 남자가 기다리고 있었다. 남자가 점동을 발견하고 달려왔다.

"의사 선생님. 제가 박막수입니다. 어서 오십시오. 어머님께서 숨이 넘어가려고 합니다."

점동이 세 사람을 돌아보고는 말했다.

"안에는 여성 환자가 있으니 부끄러운 모습을 보이기 싫을 거예요. 여러분은 밖에서 기다리고 계세요."

점동 혼자 방으로 들어갔다. 지킬은 점동이 들어간 문을 또 한동안 넋 놓고 바라보았다. 참다 못한 초연이 물었다.

"지킬 할아버지, 이제 일이 어떻게 돌아가는지 알려 주시죠. 그래야 우리도 적절히 대응할 것 아니에요?"

"이놈들아. 결핵은 그렇게 쉽게 옮는 게 아니야. 너희같이 튼튼한 아이들 몸에는 결핵균이 들어와도 활동할 수 없어."

아까 점동이 기침을 했을 때 반응이 마음에 걸렸던 모양이었다.

"일부러 그런 게 아니라 코로나19 때문에… 아니, 근데 할아버지가 더 빨리 물러나던데요?"

"나 같은 노인은 면역력이 약해 결핵에 쉽게 걸릴 수 있거든. 아무튼 말이다. 김점동 선생님은 미국에서 의학 공부를 하느라 고생을 많이 했단다. 함께 고생하던 남편을 폐결핵으로 잃고, 본인도 감염됐지."

"지킬 할아버지는 그분을 개인적으로 아시는 것 같은데, 맞죠? 이게 우리의 마지막 여행이 되는 거죠?"

지킬은 뒷짐을 지고 말없이 고개를 끄덕였다. 그리고 업적에 비해 덜 알려진 점동의 삶에 대해 자세히 이야기해 주었다. 1877년에 태어난 김점동은 미국의 여성 선교사 메리 스크랜턴이 대한민국에 설립한 이화학당에 네 번째로 입학한 학생이었다. 영어를 뛰어나게 잘해서 의사이자 선교사였던 로제타 셔우드 홀의 통역을 하며 어깨너머로 의학 공부를 했다. 그때 에스더라는 세례명도 받았다. 박유산이라는 사람과 결혼을 한 뒤 홀 부부를 따라 평양에

서 의료 보조 활동을 펼쳤다. 그러다 홀의 남편이 사망하면서 홀과 함께 미국으로 건너가 본격적으로 의학 공부를 하게 된 것이다. 그런데 점동이 졸업을 막 앞두고 있을 때 남편이 폐결핵으로 죽고 말았다. 하지만 점동은 결국 의학박사 학위를 따고 대한민국으로 돌아와 천대받던 여성들을 치료했다.

지킬의 설명에 초연은 제인 구달을 만났을 때처럼 가슴이 뛰었다. 결국 의사가 되어 고국으로 돌아와 아픈 여자들을 치료하고 있다니, 엄청나게 멋졌다.

"아! 할아버지, 지금이 1902년이라고 했잖아요. 이제 뭔가 사건이 일어나는 건가요?"

지킬은 대답 없이 또 고개만 끄덕였다. 표정이 슬퍼 보였다.

"할아버지, 정말 연인을 찾기 위해 타임머신을 만든 거예요?"

"비슷하다. 하지만 연인은 아니야."

지킬이 결심한 듯 초연과 정호에게 얼굴을 가까이 들이대며 말했다.

"내 윗입술을 봐. 수술 자국이 보이지?"

자세히 보니 인중에 희미한 수술 자국이 남아 있었다.

"난 선천적으로 입술이 두 쪽으로 갈라져 있는 구순구개열로 태어났단다. 현대에 와서는 수술이 일반화됐지만 내가 태어난 시대에는 아니었지."

"근데 할아버지, 김점동 선생님이랑 연인이면 도대체 나이가 몇 이에요? 130살?"

"뗙! 연인이 아니라니까! 그리고 내가 그렇게 늙어 보이냐!"

"그럼 뭐예요, 빨리 말해 주세요. 궁금해 죽겠어요."

"지금 말하고 있잖아! 말 좀 끊지 말고 들어."

지킬이 다시 뒷짐을 쥐고 먼 하늘을 쳐다보며 중얼거렸다.

"난 1892년 평양에서 태어났어."

"으악, 뭐야, 130살 맞잖아요!"

"뗙! 난 예순다섯이라고! 제발 끝까지 좀 들어 봐라."

초연은 두 손으로 입을 막고 고개를 끄덕였다. 지킬이 픽 웃은 뒤 말을 이었다.

"옛날에는 구순구개열을 '언청이'라고 부르면서 엄청 놀렸단다. 친구를 사귀는 것은 꿈도 꾸지 못할 일이었고, 재수 없다고 어른 들에게까지 돌팔매질을 당했지."

초연이 분노하며 또 끼어들려고 했지만, 이번에는 정호가 재빨 리 초연의 입을 막았다.

"견디다 못해서 난 겨우 열두 살에 죽으려고 했단다. 악마의 자 식을 낳았다고 우리 어머니까지 욕을 먹는 것이 불쌍했지. 나만

없어지면 어머니가 더 편하게 살 수 있을 것 같았어. 평양 대동강변에서 방황하고 있던 그때, 천사가 나타났어."

그 천사가 바로 대한제국의 여의사 김점동이었다. 당시 평양의 병원에서 홀과 함께 외과 수술을 하고 있던 점동은 강물을 들여다보고 있는 어린 지킬을 붙잡았고, 구순구개열 수술을 무료로 해 주겠다고 했다. 한의학이 주를 이루던 시절에 외과 수술은 정말 신이 내려와 치료하는 것처럼 경이로운 일이었다.

"천사의 손길이 내 갈라진 입술을 붙여 줬지. 난 새로 태어났고 은혜를 갚고 싶었지만 김점동 선생님은 얼마 지나지 않아 폐결핵으로 돌아가셨단다. 진짜 천사가 되어 하늘나라로 간 거지."

초연은 이제 완전히 집중해서 지킬의 이야기를 듣고 있었다. 점동이 지금도 저렇게 열심히 다른 사람을 치료하고 있는데 몇 년 후에 병으로 죽는다니, 초연의 눈이 그렁그렁해졌다.

"난 그때부터 시간을 되돌리고 싶다는 꿈을 꿨단다. 은인이자 스승인 김점동 선생님을 꼭 다시 만나고 싶었지. 평생을 타임머신 연구에 바쳐서 결국 성공했지만 너희도 봤듯이 작동이 쉽지 않았어. 과거로 가야 했는데 도리어 미래로 오고 말았지. 그 덕분에 너희를 만났지만 말이다."

지킬이 말을 멈추고 초연과 정호를 지그시 바라보았다.

"할아버지, 안 어울리게 따뜻한 말 하지 마세요."

"알았다, 요놈아. 하여간 이제 내가 김점동 선생님을 도울 차례야. 그게 마지막 미션인 것 같다."

그때였다. 집 안에서 점동의 날카로운 외침이 터져 나왔다.

"이런, 콜레라야!"

그 소리에 방문 밖에서 기다리고 있던 박막수가 땅바닥에 주저앉아 곡을 했다.

"아이고, 우리 집에 그런 몹쓸 귀신이 들어오다니요."

그새 얼굴이 땀으로 흠뻑 젖어 더욱 하얘진 점동이 문을 빼꼼 열고 소리쳤다.

"박막수 씨! 콜록! 어서 보구여관에 가서 알려요."

황급히 달려 나가는 박막수를 보며 초연이 혼잣말했다.

"여관에 왜 가라는 거지? 병원에 알려야 하는 거 아냐?"

점동이 다시 방문을 닫고 혼자 환자를 돌보고 있는 동안, 지킬은 앞에서 어쩔 줄 모르고 왔다 갔다 했다. 정호는 지킬의 주의를 돌리기 위해 일부러 보구여관에 대해 물었다. 지킬은 초조함을 누르며 조금씩 설명에 집중했다. 보구여관은 숙박을 하는 여관이 아니라 '여성을 보호하고 구하는 기관'이라는 뜻이었다. 당시 사회 분위기에서는 여성 환자가 남성 의사에게 아픈 부위를 드러내는

것을 꺼릴 수밖에 없었기 때문에 여성들은 병에 걸려도 제대로 치료를 받기 힘들었다. 그러한 여성들을 위해 이화학당 내에 세워진 우리나라 최초의 여성 전문 병원이 바로 보구여관이었다. 점동은 학당에 다니던 학생 시절에 그곳에서 보조로 일했고, 미국에서 의사가 되어 돌아온 지금은 어엿한 책임의사로 일하고 있었다.

이야기가 끝나고 지킬이 다시 초조해지려고 할 때쯤 다행히 박막수가 사람들을 데리고 도착했다. 보구여관에서 간호사로 일하는 꽃분과 경무청의 경찰들이었다. 초연은 경찰들의 검은 제복이 꼭 드라마에서 봤던 옛날 교복 같아서 알은척하려다 그들 손에 들린 조총과 장검을 보고 흠칫 물러섰다.

경찰들은 마을 입구를 봉쇄하고 오는 길이었다. 소식을 들은 마을 사람들이 하나둘 초가집 앞으로 모여들었다. 갓을 쓴 노인들부터 어린아이까지 거의 50명이 넘었다. 사람들의 입에서 불만이 쏟아져 나왔다.

"마을을 틀어막으면 우리는 어떻게 살라고."

"귀신은 저놈 집에 들었는데, 왜 우리가 다 죽어야 되는 거야!"

소리를 들은 점동이 밖으로 나왔다. 경찰 지휘관이 사람들을 헤치고 다가왔다. 지휘관은 붉은색 허리띠에 장검을 차고 있었다. 다들 입을 다물고 지휘관을 바라보았다.

"의사 선생이 확인하셨듯이 지금 이 마을에 콜레라가 발생했소. 콜레라가 잡힐 때까지 전염을 방지하고자 마을을 봉쇄하라는 명령이 떨어졌소."

마을 사람들이 다시 웅성거리기 시작했고 마을 대표자 격인 듯한 노년의 양반 하나가 앞으로 나섰다.

"콜레라는 서양 역병인데, 확실한가?"

경찰 지휘관은 질문에 대답하지 못하고 대신 점동을 바라봤다. 점동이 말했다.

"환자가 쌀뜨물 같은 설사와 구토를 시작했어요. 복통은 심하지 않은 반면에 팔다리가 저리다고 합니다. 콜레라의 증상이 거의 확실해요."

사람들이 다시 웅성거리기 시작했다. 점동은 사람들에게 경고하려고 목소리를 높였다.

"콜레라 증상이 나타나기 전 2~3일 정도 잠복기가 있어요. 환자 가족은 마을 중앙의 공동 우물을 사용했다고 합니다. 우물을 사용한 사람들은 병이 발생할 수 있으니 며칠 더 지켜보시고, 혹시 증상이 나타나면 저에게 알리세요. 그리고 이제부터 절대로 우물을 사용하시면 안 됩니다. 콜록콜록."

사람들의 동요는 더욱 커졌다. 우물을 사용하지 못하면 한 시간

이나 떨어진 산속 샘물을 길어다 써야 한다는 둥, 벌써 설사를 시작한 것 같다는 둥 저마다 떠들어 댔다. 그때 휘황한 색깔에 치렁치렁한 옷을 걸친 노파가 나타나 점동에게 소리쳤다.

"이런 요망한 계집! 서양에 갔다가 서양 귀신을 달고 온 게야!"

노파는 마을 무당이었다. 사람들이 입을 닫고 무당의 말에 귀를 기울였다.

"역병은 쥐 귀신 때문에 걸리는 거야. 모두 내 고양이 부적을 사서 집 문에 붙여야 병을 피해 갈 것이야."

사람들이 고개를 끄덕이며 너도나도 품에서 쌈지를 꺼냈다. 점동이 당황해 황급히 소리쳤다.

"그건 미신이에요! 콜레라는 콜레라균에 감염되어 걸리는 거예요. 저는 미국에서 공부할 때 눈으로 콜레라균을 확인했어요."

"거짓말하지 마! 양놈들은 몸에 칼을 댄다지? 어찌 부모가 주신 몸에 상처를 낸단 말이냐!"

점동은 안타까워하며 호소했다.

"그건 수술이라고 하는 거예요. 수술로 많은 병을 고칠 수 있다고요!"

"휘이~ 서양 귀신아, 썩 물러가랏!"

사람들이 점동에게서 떨어져 무당 뒤로 우르르 줄을 서기 시작했다. 숨을 멈추고 지켜보던 지킬이 더 이상 참지 못하고 점동 앞으로 나섰다. 그는 막무가내로 소리를 지르는 무당에게 더 큰 소리로 외쳤다.

"예이, 무식한 것들아! 그렇게 콜레라에 걸려 죽고 싶거든 가서 우물물을 퍼 마시고 죽어라!"

지킬이 점동을 지키기 위해 평소와 달리 감정적으로 상황을 악화시키자 정호가 말렸다. 대신 초연이 침착하게 나섰다.

"지금 여기에는 없지만 현미경으로 우물물을 들여다보면 콜레라균이 보일 거예요. 절대 마시거나 사용하면 안 돼요."

"넌 뭐야? 어디 어린 것이 나서? 옷차림이 망측한 걸 보니 너도 서양 귀신이 분명하구나!"

"정신 차리세욧! 그렇게 자신 있으면 우물물을 퍼 먹어 보시든가!"

초연도 금세 이성을 잃고 지킬과 똑같이 쏘아붙였다.

"요망한 것! 너희가 마을로 들어오고 나서 여기저기 귀신 천지구나! 너희가 우물에 귀신을 푼 거야!"

말이 전혀 통하지 않았다. 불과 100년 전인데 이렇게나 무지하다니 정호는 새삼 놀라웠다. 점점 소란이 심해지자 경찰들이 제지에 나섰다. 지휘관이 사람들에게 소리쳤다.

"모두 진정하시오! 혹시 마을 의원이 또 없소?"

"여기 있습니다."

나이가 지긋해 보이는 남자 한의사가 나서자 사람들이 다시 귀를 기울였다.

"이 마을에서 40년간 의원을 하고 있는 천보장입니다. 천 의원이라고 부르십시오."

"오, 좋소. 천 의원, 콜레라는 어떻게 치료하면 좋겠소?"

"동의보감에 전염병 치료에 대한 기록이 있지요. 침을 쓰고, 승마갈근탕을 달여 먹입니다."

"우물은 어떻게 하면 좋겠소?"

"전염병은 보통 공기의 독소에 의해 전염됩니다. 물은 사용해도 될 것 같으나 혹시 공기의 독소가 물에도 침범했을지 모르니 당분간은 지켜보는 것이 좋겠습니다."

고개를 끄덕인 지휘관이 모두에게 들리도록 큰 소리로 말했다.

"자, 지금부터 우물 사용은 금지합니다. 병은 각자의 소신대로 치료하시오. 한약방으로 가든지, 여기 서양의학으로 고치든지 알아서 선택하라고."

점동이 확실한 근거를 가지고 주장할 때는 아무도 듣지 않더니, 이번에는 다들 수긍하는 눈치였다. 사람들이 하나둘 집으로 돌아간 뒤, 지킬 일행은 점동을 도와 박막수의 초가집 마당에 임시 의료소를 차렸다. 점동은 간호사 꽃분이 가져온 수액을 환자에게 놓이고 나왔다. 지킬이 점동에게 조심스럽게 물었다.

"선생님, 콜레라는 급성 설사병인데 치료가 가능하겠습니까?"

콜레라에는 항생제를 써야 하는데 아직 항생제가 나오기 전이었다. 지킬은 그 사실을 알았지만 뭔가 돕기 위해 물었다.

"일단 설사로 빠져나가는 수분을 보충하기 위해 수액을 놓고장 안정제를 먹였어요. 콜록. 환자가 잘 이겨 내는 것이 중요하겠지요. 콜록콜록."

지킬과 초연, 정호는 모든 힘이 다 빠져나간 듯한 점동을 부축해 마당 평상에 앉혔다.

"다른 사람 치료하다가 선생님 몸이 축나겠습니다. 어서 앉으십시오."

"아까 도와주셔서 감사해요. 너희도 고맙구나. 지킬 어르신? 어르신도 서양의학에 대해 잘 아시는 것 같던데…. 이 학생들도 그렇고요."

지킬이 두 사람에게 눈짓으로 신호를 보낸 후 대답했다.

"맞습니다. 우리가 사는 인천에는 서양 사람들과 신문물이 많이 들어오지요. 그래서 아무래도 좀 보고 들은 것이 많답니다. 현미

경도 구경한 적이 있고요."

점동이 이해했다는 듯 크게 고개를 끄덕였다.

"그래서 이렇게 남다르신 거였군요. 여러분처럼 사람들도 빨리 깨쳐야 할 텐데…. 지금 대한제국에서 의학을 펼치며 가장 무서운 것은 질병보다 사람들의 무지와 편견이랍니다."

"선생님 같은 분들이 계시니 대한제국의 의료 기술은 나날이 발전할 겁니다. 너무 걱정하지 마세요."

"맞아요! 선생님 같은 의사, 간호사분들이 많은 생명을 구하고 사람들이 고마워할 거예요!"

"그런 날이 올까요? 말씀만이라도 고맙네요. 한데 마을 사람들 모두 우물을 사용해서 걱정이에요. 콜레라 잠복기를 고려한다면 오늘 밤을 넘길 때 많은 환자가 발생할 거예요."

이런저런 이야기를 나누는 사이에 날이 완전히 어두워졌다. 전염병 탓에 마을 밖으로 나갈 수 없었기 때문에, 점동과 지킬 일행은 마을 주막의 방을 각각 얻었다. 새로운 여행과 사건에 지친 모두 눕자마자 깊은 잠에 빠져들었다.

다음 날 아침부터 마을이 발칵 뒤집어졌다. 점동이 예상한 대로 마을 곳곳에서 급성 설사를 하는 열 명의 환자가 발생했기 때문이다. 날이 밝기 전부터 무당의 고양이 부적은 모두 팔려 나갔고, 환자들은 나이가 지긋한 천 의원에게 찾아갔다. 주막으로 점동을 찾아온 이는 초연과 비슷한 또래로 보이는 순이 하나였다. 순이는 이화학당의 학생으로, 누구보다 점동의 실력을 믿었다.

　일행은 임시 의료소로 순이를 데려가 환자 방에 눕히고 수액을 맞혔다. 순이는 아직 젊고 건강하니 노인보다 쉽게 이겨 낼 것이었다. 지킬은 컨디션이 좋지 않았지만 점동 옆에 붙어 환자 돌보는 것을 도왔다.

　"어르신 좀 쉬세요. 콜록. 몸을 생각하셔야죠."

　"선생님이 더 걱정입니다. 이렇게 과로하면 폐병이 심해질 수 있거든요."

　"제 몸은 제가 알지요. 그보다 한의원을 찾은 사람들이 걱정이네요. 승마갈근탕을 전염병에 사용하는 것은 맞지만, 콜록, 독감이나 이질 등에 주로 쓰거든요. 콜레라는 설사병이기 때문에 병을 더 키울지도 모르는데…."

"뭐, 더 심해지면 여기로 찾아오겠지요."

정호도 뭔가 할 수 있는 일이 없을까 고민하다가, 더 이상 전염병이 번지는 것을 막기 위한 안내서를 만들었다.

〈콜레라균 이겨 내는 방법〉

1. 물은 반드시 끓여서 먹거나 사용하기

2. 손을 항상 깨끗이 닦기

3. 수분 보충을 위해 소금물 자주 마시기 (물 한 바가지에 소금 한 숟가락)

4. 환자에게 나온 배설물은 마을 가장 아래 땅에 묻기

5. 증세가 나타나면 즉시 의학 박사 김점동 임시 의료소에 알리기

잔뜩 웅크린 채 붓으로 정성 들여 글씨를 쓰는 정호의 머리를 쓰다듬으며 초연이 말했다.

"이런 기특한 생각을 하다니! 난 저 무식한 사람들만 보면 화가 치솟는데 말이야."

"여긴 대한민국이고, 모두 우리 선조들이야. 저들이 없다면 우리도 없다고."

"칫, 중학생 주제에 늙은이 같은 소리 할래?"

"대한제국에서는 이미 결혼할 나이라고."

초연이 정호가 쓴 안내문을 골똘히 내려다보다가 말했다.

"음, 완벽히 맞는 얘기지만 저 사람들이 듣지 않으면 소용없잖아. 아마 받자마자 찢어 버릴걸? 그렇지! 이렇게 하면 되겠다."

초연은 붓을 들어 '콜레라균 이겨 내는 방법'을 지우고 '콜레라를 바로 물리치는 서양 부적'이라고 적었다. 그리고 옆에 검은 고양이를 그려 넣었다.

"히히히, 이 사람들 고양이 부적이라면 사족을 못 쓰니까."

초연과 정호는 부적으로 위장한 안내문을 종일 만들어 집집마다 돌렸다. 그렇게 하루가 지나고 콜레라 환자들은 배로 늘어났다. 미신과 한의원의 치료가 소용없다는 것이 드러난 셈이었다. 심지어 사망자 한 명이 발생하기도 했다. 노인 환자가 계속해서 설사를 하는 바람에 탈수로 죽음에 이른 것이다.

발병 사흘째, 드디어 박막수의 어머니가 몸을 일으켰다. 속이 안정되어 흰죽과 고깃국물로 식사를 했다. 영양소가 들어간 음식을 먹었으니 이제 하루면 완치될 것이었다.

서양에서 공부하고 온 여의사가 콜레라를 치료했다는 소문은 삽시간에 마을에 퍼졌다. 이제 환자들은 한의원보다 점동의 임시 의료소를 찾아왔다. 점동은 경찰 지휘관에게 요청해 보구여관의 수액과 장 안정제를 더 공급받았다. 마을의 최초 발병자인 박막수

의 노모가 완쾌해 걸어 다니는 것을 보자 사람들의 신뢰는 더욱 굳어졌다. 임시 의료소는 어느새 사람들로 가득 찼다. 지킬 일행도 다 같이 간호를 도왔다.

"진짜 신이 내린 의사야."

"의사 선생님 안내대로 물을 끓여 마시고 손을 깨끗이 씻었더니 우리 집 사람들은 병이 하나도 안 걸렸다네."

"바다 건너 미국에서 의학 공부를 하고 왔다잖소."

그렇게 일주일이 지나자 발병세가 안정되어 갔다. 임시 의료소에 남은 마지막 세 명의 환자들도 고비는 넘겼으니, 이제 하루 정도면 마을에서 콜레라를 뿌리 뽑을 수 있을 것이다. 경찰은 전과 달리 점동을 깍듯이 예우했고, 정부에서는 콜레라 치료에 공을 세운 점동에게 훈장과 포상을 내렸다. 마을 사람들은 점동과 지킬 일행을 위해 주막에서 잔치를 열었다. 앞에 나와 인사하는 점동에게 모든 사람들이 박수를 보냈다.

"모두 여러분이 믿고 따라 주신 덕분입니다."

"선생님, 이제 우물은 어떡합니까?"

"지금의 우물을 메우고 산기슭에 새로운 우물을 파세요. 그리고 우물 위쪽으로 배설물을 버리면 안 돼요. 콜록콜록. 비가 오면 나쁜 균들이 땅속으로 스며듭니다. 인분은 되도록 마을 아래쪽으로 버려야 해요."

"자, 모두 들었지요? 그럼 축배를 듭시다."

마을 봉쇄는 내일이면 풀린다고 했다. 사람들이 밤이 깊도록 마시고 즐기는 사이, 지킬과 점동은 슬며시 주막을 빠져나왔다.

"어르신, 고맙습니다. 덕분에 콜레라도 퇴치하고 계몽에도 성공했네요."

"그게 어디 우리 덕입니까? 모두 선생님 의술과 노력 덕분이죠. 내일이면 보구여관으로 돌아가실 수 있겠네요."

"전 곧 평양으로 떠나요. 콜록. 보구여관의 커틀러 여사가 안식년을 마치고 돌아오셨거든요. 전 평양의 홀 부인에게 가서 함께 의료봉사를 할 거예요."

지킬은 놀라는 척했지만 실은 모두 알고 있었다. 점동은 평양에 가서 어린 지킬의 목숨을 구할 것이고, 그 외 수많은 환자들에게 희망을 줄 것이다. 그러다 폐결핵이 악화되어….

"깊은 산골 구석구석 어디든 찾아가서 환자들을 구할 거예요."

지킬은 점동의 결심을 들으며 코를 찡긋했다. 그리고 서둘러 말

을 돌렸다.

"대동강 산책길이 그렇게 좋다면서요? 저도 가 보고 싶네요."

떠들썩했던 밤이 지나고 일찍 일어난 정호가 초연을 흔들어 깨
웠다.

"초연아, 지킬 할아버지 못 봤어?"

"어젯밤에 김점동 선생님이랑 이야기하러 나가던걸."

"근데 지금 두 분 다 안 보여."

초연과 정호는 주막 주변과 임시 의료소도 둘러봤지만 두 사람
을 찾을 수 없었다. 꽃분도 어젯밤 이후로 점동을 보지 못했다고
했다. 초연과 정호의 표정은 점점 심각해졌다.

"이상하네… 어디 가셨지?"

"혹시 말이야. 지킬 할아버지가 김점동 선생님 폐결핵을 치료해
주려고 타임머신을 발동한 건 아닐까?"

초연이 손바닥으로 정호의 등짝을 때렸다.

"할아버지가 우리만 놔두고 갈 사람이냐? 마을 봉쇄가 아직 안
풀렸으니 어딘가에 있겠지."

하지만 해가 중천에 뜰 때까지 두 사람은 나타나지 않았다. 이제 경찰들이 마을 봉쇄를 해제하고 있었다. 정호가 말했다.

"혹시 납치된 거 아니야? 둘이 한꺼번에 없어질 리 없잖아. 누군가에게 원한을 샀다면…"

원한이라는 말에 초연의 눈이 날카롭게 빛났다.

"무당집에 가 보자. 선생님이 콜레라 치료를 해 냈기 때문에 이제 이 마을에서 무당은 완전히 미신 취급을 당할 거야. 그래서 앙심을 품었을지도 모르지."

두 사람은 사람들에게 물어 가며 무당집을 찾아나섰다. 다들 초연과 정호를 알아보고 감사를 전했지만 둘은 지체할 시간이 없었다. 무당집은 마을 가장 높은 지대에 덩그러니 있었다. 허름한 초가집 주위로 늘어져 있는 색동천들과 촛불들이 뭔가 으스스했다. 정호는 초연의 뒤에 숨었고, 초연은 침을 꼴깍 삼키고 방문을 향해 말했다.

"계십니까? 누구 안 계세요?"

창호지 문이 벌컥 열리며 무당이 나왔다.

"너희는 그 서양 의사와 같이 다니는 애들 아니냐? 여긴 왜 왔어?"

"여기 지킬 할아버지와 김점동 선생님 안 계시나요?"

"그자들이 여기 왜 오겠냐?"

"콜레라를 치료한 죄로 납치됐겠죠."

"어리석은 것들, 역병을 지들이 치료한 줄 아나? 내 고양이 부적과 신령님 덕에 치료된 거라고!"

무당은 당당하게 맞받아쳤다. 초연은 망설임 없이 발걸음을 돌렸다.

"여긴 아니야."

"뭐? 어떻게 알아?"

"저 무당은 진심으로 자기가 콜레라를 고쳤다고 생각하고 있잖아. 원한이 생길 리 없다고."

"그럼 다음은 어디로 가지?"

"천보장."

이번 일로 한의원의 권위는 바닥에 떨어졌다. 원한을 가지기에 충분해 보였다. 초연과 정호는 또 사람들에게 물어 한의원을 찾아갔다. 한의원은 마을 중앙에 꽤 널찍하게 자리한 기와집이었다. 사방이 높다란 담장으로 둘러싸여 있고, 대문을 건장한 덩치의 남자가 지키고 있는 것이 수상했다. 초연과 정호는 조금 떨어진 나무 뒤에 숨어서 한의원을 염탐했다.

"정호야, 네가 한의사라면 두 사람을 납치해서 집에 가두겠니?"

"납치는 범죄인데 집에 둘 리 없지."

"그래. 아마 사람들 눈에 띄지 않는 곳에 가둬 뒀을 거야. 그리고 범인은 범행 장소로 다시 온다는 말이 있잖아. 그 금괴를 훔쳤던 게릴라처럼 말이야. 천 의원도 곧 그 장소를 찾아갈 거야."

"그렇지. 들키지 않으려면 한밤중이 적당할 거고."

"좋아. 오늘 밤 미행해서 할아버지와 선생님을 구하자."

초연과 정호는 몸을 숨기고 어두워지기를 기다렸다. 해질 무렵 남쪽 하늘 높이 떴던 상현달이 서쪽으로 넘어가기 시작할 때쯤, 한의원에서 두 남자가 나왔다. 천 의원과 대문을 지키던 덩치였다. 둘은 길을 살피더니 빠르게 걷기 시작했다. 초연과 정호도 들키지 않도록 뒤를 따랐다. 산속으로 접어들어 한참을 오르자 허름한 오두막이 나왔다. 두 남자가 오두막으로 들어가자 초연이 바닥에서 나무 막대를 두 개 주워 하나를 정호에게 건넸다.

"쳐들어가자."

"뭐라고? 좀 기다려. 저 둘이 나간 다음에 살짝 구해도 되잖아."

"왠지 불길해. 바로 해코지할지도 모르잖아."

그때 오두막 안에서 여자의 기침 소리가 들렸다. 초연과 정호는 더 계획할 새도 없이 튀어 올라 오두막 문을 열어젖혔다. 지킬과 점동이 기둥에 밧줄로 묶인 채 축 늘어져 있었고, 그 앞에 천 의원과 덩치가 서 있었다. 기습의 효과가 있었는지 두 남자는 놀라서

멍하니 돌아보았다.

"얍!"

초연과 정호가 천 의원과 덩치에게 각각 막대를 휘둘렀다. 천 의원은 억 소리를 내며 바닥으로 쓰러졌지만, 덩치는 끄떡없었다. 초연이 다시 덩치에게 막대를 휘둘렀지만 그는 가볍게 피했다. 오히려 초연과 정호의 목덜미를 붙잡은 덩치는 둘을 한꺼번에 밧줄로 묶었다.

잠시 후 정신을 차린 천 의원이 묶여 있는 네 사람을 보며 빈정거렸다.

"맹랑한 것들, 왜 사서 고생을 하는지 모르겠네."

초연은 묶인 와중에도 기죽지 않고 날카롭게 쏘아붙였다.

"도대체 왜 그러는 거예요? 김점동 선생님은 콜레라로부터 마을을 지켰잖아요."

"우리 한의원은 어떡하라고? 이제 서양의학 때문에 조선의 한의학은 모두 사라지고 말 거야."

"아뇨, 서양의학 때문에 한의학이 없어지지는 않아요."

"젊은 것들이 뭘 아냐. 벌써 마을 사람 어느 누구도 한의원을 찾지 않는다."

서양 문물과 기술이 활발히 들어오기 시작한 시기였다. 단지 이번 사건만이 아니라 전부터 갈등이 있어 왔던 것 같았다. 하지만 한의학은 서양의학과 영역이 다를 뿐, 현대까지 멀쩡하게 유지된다. 정호는 그 점을 설득하고 싶었지만 지금은 방도가 없었다.

"우리를 어떻게 하려는 거죠?"

"생각 중이다. 일단은 당분간만이라도 여기 얌전히 있도록 해. 우리 한의원이 다시 신뢰를 찾을 때까지 말이다. 너희는 갑자기 나타났으니 갑자기 사라져도 별 문제 없겠지. 의사 선생도 곧 평양으로 떠난다 했고 말이다."

"아이참, 그래 봐야 세상이 바뀌는 걸 막을 수 있어요? 옛날 것이든 새것이든 같이 살 방법을 찾아야죠!"

정호가 팔꿈치로 초연의 등을 쿡쿡 찔렀다. 어차피 말해 봐야 알아듣지 못하니 이대로 이동할 방법을 찾아야 했다. 정호가 정신을 차린 지킬에게 속삭였다.

"할아버지, 에너지가 모두 채워지지 않았을까요?"

하지만 지킬은 고개를 저었다.

"아직이다. 10퍼센트쯤 부족해."

"으윽, 미션을 해결한 것 같았는데 뭐가 부족했지?"

그때 문이 부서지는 듯한 소리와 함께 박막수가 뛰어 들어왔다.

"감히 어머님을 살린 의사 선생님을 납치해? 이런 야차 같은 놈

들!"

천 의원은 박막수의 주먹 한 방에 나가떨어졌지만, 덩치는 막상막하였다. 덩치와 박막수가 오두막을 뒹굴며 엎치락뒤치락하고 있을 때 경찰들이 들이닥쳤다. 천 의원과 덩치는 현행범으로 체포되었다.

박막수도 점동이 사라지자 계속 찾아다녔다고 했다. 초연과 정호가 무당집에 이어서 한의원에 찾아간 뒤 보이지 않는다는 얘길 듣고 행적을 추적해 여기까지 온 것이었다. 그는 산속 오두막을 발견하고 다시 마을로 내려와 경찰에 신고하느라 조금 늦었다며 미안해했다.

기진맥진한 점동은 잠이 든 듯 보였다. 박막수가 점동을 등에 업자 지킬이 그에게 부탁했다.

"선생님을 보구여관까지 잘 부탁하네."

"어르신은요? 같이 가는 거 아니었어요?"

"우리는 잠시 갈 데가 있다네."

박막수가 점동을 업고 산길을 내려가자 지킬이 옷 속에서 빛나기 시작한 목걸이를 꺼냈다. 점동을 무사히 구했더니 나머지 에너지도 모두 채워진 것이었다. 초연이 반색하며 외쳤다.

"됐다! 이제 집으로 가자!"

고개를 끄덕이면서도 지킬은 멀어져 가는 점동의 뒷모습에서 눈을 떼지 못했다. 정호는 그런 지킬을 보며 고민에 빠졌다. 할아버지에게는 점동과 함께 여기 남아서 의술을 펼치는 편이 더 좋지 않을까? 돌아가면 또다시 산속에서 외롭게 살며 위험한 사람 취급을 받아야 하는데? 정호가 조심스럽게 지킬에게 말을 걸었다.

"혹시 할아버지는 여기 남으시겠어요? 뭔가 방법이 있지 않을까요?"

"아니다. 여긴 어린 지킬이 있을 곳이야. 난 돌아가야지."

초연이 지킬에게 어깨동무를 하며 일부러 밝게 말했다.

"그래요, 할아버지. 대신 21세기 대한민국에는 우리가 있잖아요!"

지킬이 황당해하며 초연을 돌아보았다.

"요즘 애들은 어떻게 이러냐? 어른 어깨에 손을 올려?"

"친근감의 표현이잖아요. 누가 싫은 사람한테 어깨동무를 하겠어요?"

지킬은 픽 웃더니 자신도 정호의 어깨에 손을 둘렀다. 어깨동무한 세 사람을 어느 때보다 강한 무지갯빛이 둘러쌌다.

"윤초연!"

초연이 교실 문 앞에 서 있는 정호를 발견하고 손을 흔들었다. 꽤 큰 목소리에 하교하던 학생들이 쳐다보며 킥킥 웃기도 했지만 둘은 개의치 않았다. 늘 주눅 들어 있고 주변의 눈치를 살피던 예전의 정호였다면 상상할 수 없는 모습이었다.

세 사람이 마지막 시간여행을 마치고 최종 목적지인 집으로 돌아왔을 때, 놀랍게도 현재의 시간은 단 반나절 정도가 흘러 있었다. 정호네 집에서는 대체 무슨 일이 있었기에 하루아침에 정호가 적극적인 성격으로 바뀌었는지 의견이 분분했다. 요즘 초연과 날마다 붙어 다니는 걸 보며 아마도 연애의 힘이겠거니 짐작할 뿐이었다.

"정호, 너도 받았지?"

정호가 끄덕이며 가방에서 상장을 꺼냈다. 초연과 정호는 동아리 발표 대회에 사진 작품을 출품해 수상에 성공했다. 애초 목표와 다르게 대상이 아니라 장려상이기는 했지만 말이다. 여행 전 찍었던 사진이 아니라 새로운 사진이었다. 저녁 무렵 금성과 초승달 배경은 그대로였지만, 거기에 두 사람의 뒷모습이 더해졌다.

손가락으로 금성을 가리키는 백발의 노인과, 그 옆에서 망원경으로 금성을 관측하는 초연의 모습.

학교를 벗어난 두 사람은 오늘도 타머산을 올랐다. 역시 초연은 성큼성큼 앞서갔지만, 정호는 헉헉대며 따라가기 바빴다. 성격이 바뀌었다고 체력까지 좋아지지는 않은 것이다.

"헉헉, 시간여행 할 때가 차라리 나았던 것 같아. 마스크는 안 써도 됐잖아. 헉헉."

"아이고, 그런 소리 말고 체력이나 좀 키워. 여행하면서 과학자들이 얼마나 노력하는지 봤잖아. 코로나19도 조만간 극복할 수 있을 거야."

정호를 위해 잠깐 바위에 앉아 쉬는 동안, 초연이 말했다.

"지킬 할아버지 말이야. 알츠하이머가 아닐까?"

보통 '치매'라고 불리는 알츠하이머는 퇴행성 뇌질환으로 노년기에 서서히 발병하여 기억력을 포함한 인지 기능이 약화되는 질병이다. 어쩌면 지킬도 알츠하이머를 앓게 됐는데 그저 돌봐 줄 사람이 없어 더욱 악화된 것일지도 몰랐다.

"내가 인터넷을 찾아보니 증상이 비슷한 것 같더라고. 미친 것도 이중인격도 아니고, 그냥 아픈 거였던 게 아닐까."

"그랬구나. 알츠하이머는 계속 뇌를 사용하고 대화하면 증상이

나아진대. 우리랑 여행하면서 훨씬 좋아지신 거 같지?"

"그럴지도 모르지. 하여간 산속에 혼자 있으면 적적할 테니까 우리가 자주 찾아오자."

지킬의 산속 집에 도착한 초연과 정호가 동시에 지킬을 불렀다.

"지킬 할아버지!"

대회에서 수상한 사진 작품이 붙어 있는 문이 열리고 지킬이 나왔다. 환하게 웃는 지킬의 목에 걸린 목걸이가 밝게 빛나고 있었다.

레전드는 지금 이 순간에도

시간여행은 즐거웠나요? 초연과 정호가 과거로 떠나 만난 과학자들의 업적은 정말 대단하죠. 파스퇴르는 백신법을 개발해 인간을 질병의 고통에서 벗어나게 해 주었고, 다윈은 자연선택에 의한 진화론을 세웠어요. 구달은 침팬지에 대한 새로운 사실을 발견했고, 하비는 1,000년 동안 지배해 온 기존 학설을 뒤집는 혈액순환설을 연구했죠. 멘델은 현대의 유전법칙을 발견했고, 김점동은 대한민국 최초의 여의사로 질병 치료와 계몽에 앞장섰어요.

이렇게 우리가 감히 상상도 할 수 없는 업적을 이룬 과학자는 모두 천재적인 두뇌를 가진 특별한 사람일까요? 그런 경우도 있겠지만, 대부분은 그렇지 않답니다. 오히려 학창 시절에는 성적도 별로 높지 않고 독특해서 주변에서 걱정했을 정도였어요.

하지만 이들에게는 일반 사람과 다른 두 가지 특징이 있어요. 바로 호기심과 노력입니다.

첫 번째로 우리가 책에서 만난 과학자들은 모두 '왜?'라는 질문을 잘했어요. 기존에 정설로 받아들이던 학설을 의문의 눈으로 바라봤답니다. 멘델이 유전의 혼합 가설이 지배하던 시절에 입자 가설을 생각하고, 다윈이 창조론이 지배하던 시대에 진화론을 생각한 것처럼요. 그 밖에 파스퇴르, 하비, 구달, 김점동 역시 기존의 학설에 의문을 제기해 위대한 연구를 하게 됐고요.

두 번째로 과학자들은 노력하는 사람이에요. 위대한 연구는 하루아침에 이루어지지 않는다고 하죠. 끊임없는 노력과 끈기가 필요해요. 파스퇴르는 뇌출혈 후유증으로 20년 넘게 몸의 반쪽을 쓰지 못했지만 연구를 포기하지 않았어요. 다윈은 비글호를 타고 5년간 바다 생활을 했고, 구달은 몇십 년간 밀림 속에서 살았죠. 멘델은 8년간 완두를 키우고 관찰하며 인정받지 못하는 연구를 계속했고, 김점동은 미국에서 가족을 폐결핵으로 떠나보내면서도 의학 공부를 포기하지 않았답니다. 결국 본인도 같은 병에 걸렸지만 그 상황에서도 다른 환자를 돌보기 위해 최선을 다했어요.

여러분 중에도 과학자를 꿈꾸는 사람이 있다면, 호기심을 가지고 일상생활을 하고 무언가 이루기 위해 포기하지 않고 노력하는 습관을 들여 봐요. 대단한 호기심이 아니어도 괜찮아요. 갯벌의 썰물을 볼 때 '바닷물은 다 어디로 빠져나갔을까?', 봄꽃이 핀 것을 볼 때 '꽃은 봄이 오는 것을 어떻게 알까?' 이렇게 궁금해하는 거죠. 그게 과학의 길로 가는 시작이 될 거예요.

코로나19 세상에서 공부하기 쉽지 않죠? 마스크가 답답하고, 온라인으로 하는 공부는 힘들기만 하고, 다 같이 모여서 놀 수도 없고요. 계속 이렇게 살아야 하나 걱정도 될 거예요. 하지만 지금 이 순간에도 전 세계 과학자들이 코로나19를 퇴치하기 위해 새로운 백신과 치료제를 개발하고 보급하고 있어요. 과학자들의 호기심과 노력이 승리할 날이 멀지 않았다고 믿어 봐도 좋을 거예요. 그리고 이 책을 읽은 여러분 중에도 분명 미래의 과학자가 있을 거라고 기대합니다.

2021년 봄, 윤자영

북트리거 포스트

북트리거 페이스북

스터디 픽션 시리즈 - 생물

레전드 과학 탐험대
전설의 과학자가 우리를 호출했다

1판 1쇄 발행일 2021년 6월 20일

지은이 윤자영
펴낸이 권준구 | 펴낸곳 (주)지학사
본부장 황홍규 | 편집장 윤소현 | 팀장 김지영 | 편집 양선화 강현호 이인선
일러스트 박서울 | 디자인 정은경디자인
마케팅 송성만 손정빈 윤술옥 이혜인 | 제작 김현정 이진형 강석준 방연주
등록 2017년 2월 9일(제2017-000034호) | 주소 서울시 마포구 신촌로6길 5
전화 02.330.5265 | 팩스 02.3141.4488 | 이메일 booktrigger@naver.com
홈페이지 www.jihak.co.kr | 포스트 http://post.naver.com/booktrigger
페이스북 www.facebook.com/booktrigger | 인스타그램 @booktrigger

ISBN 979-11-89799-51-9 43470

북트리거

트리거(trigger)는 '방아쇠, 계기, 유인, 자극'을 뜻합니다.
북트리거는 나와 사물, 이웃과 세상을 바라보는 시선에 신선한 자극을 주는 책을 펴냅니다.